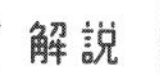

やさしく ひもとく 共通テスト

数学 I・A

・別冊・

過去問題集

本冊と軽くのりづけされています。
ゆっくりと取り外して使いましょう。

Gakken

過去問 解説 実況動画

やさしくひもとく共通テスト

数学 I・A

令和3年度(2021年度)
第1日程 試験問題

問題	選択方法
第1問	必答
第2問	必答
第3問	いずれか2問を選択し，解答しなさい。
第4問	
第5問	

配点 ――― 100点
試験時間 ―― 70分

第1問（必答問題） （配点 30）

〔1〕 cを正の整数とする。xの2次方程式

$$2x^2+(4c-3)x+2c^2-c-11=0 \quad \cdots\cdots\cdots ①$$

について考える。

(1) $c=1$のとき，①の左辺を因数分解すると

$$\left(\boxed{\text{ア}}x+\boxed{\text{イ}}\right)\left(x-\boxed{\text{ウ}}\right)$$

であるから，①の解は

$$x=-\frac{\boxed{\text{イ}}}{\boxed{\text{ア}}},\ \boxed{\text{ウ}}$$

である。

(2) $c=2$のとき，①の解は

$$x=\frac{-\boxed{\text{エ}}\pm\sqrt{\boxed{\text{オカ}}}}{\boxed{\text{キ}}}$$

であり，大きい方の解をαとすると

$$\frac{5}{\alpha}=\frac{\boxed{\text{ク}}+\sqrt{\boxed{\text{ケコ}}}}{\boxed{\text{サ}}}$$

である。また，$m<\dfrac{5}{\alpha}<m+1$を満たす整数mは$\boxed{\text{シ}}$である。

(3) 太郎さんと花子さんは，① の解について考察している。

太郎：① の解は c の値によって，ともに有理数である場合もあれば，ともに無理数である場合もあるね。c がどのような値のときに，解は有理数になるのかな。

花子：2次方程式の解の公式の根号の中に着目すればいいんじゃないかな。

① の解が異なる二つの有理数であるような正の整数 c の個数は [ス] 個である。

〔2〕 右の図のように，△ABC の外側に辺 AB，BC，CA をそれぞれ1辺とする正方形 ADEB，BFGC，CHIA をかき，2点 E と F，G と H，I と D をそれぞれ線分で結んだ図形を考える。以下において

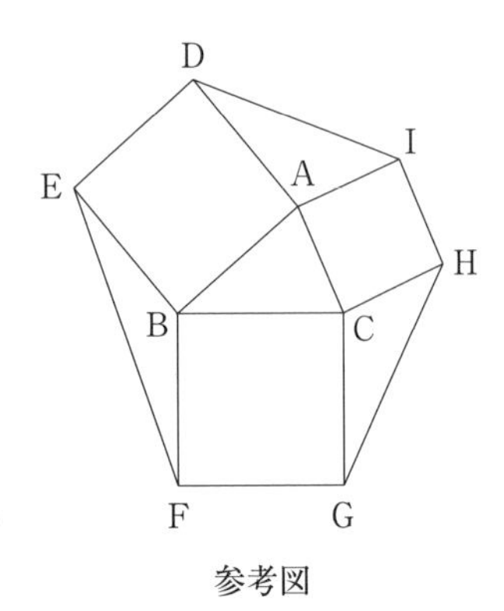

参考図

$\mathrm{BC} = a$，$\mathrm{CA} = b$，$\mathrm{AB} = c$

$\angle\mathrm{CAB} = A$，$\angle\mathrm{ABC} = B$，$\angle\mathrm{BCA} = C$

とする。

(1) $b = 6$，$c = 5$，$\cos A = \dfrac{3}{5}$ のとき，$\sin A = \dfrac{\boxed{セ}}{\boxed{ソ}}$ であり，

△ABC の面積は $\boxed{タチ}$，△AID の面積は $\boxed{ツテ}$ である。

(2) 正方形BFGC，CHIA，ADEBの面積をそれぞれS_1，S_2，S_3とする。このとき，$S_1 - S_2 - S_3$は

・$0° < A < 90°$のとき，［ト］。

・$A = 90°$のとき，［ナ］。

・$90° < A < 180°$のとき，［ニ］。

［ト］～［ニ］の解答群(同じものを繰り返し選んでもよい。)

⓪ 0である
① 正の値である
② 負の値である
③ 正の値も負の値もとる

(3) △AID，△BEF，△CGHの面積をそれぞれT_1，T_2，T_3とする。このとき，［ヌ］である。

［ヌ］の解答群

⓪ $a < b < c$ならば，$T_1 > T_2 > T_3$
① $a < b < c$ならば，$T_1 < T_2 < T_3$
② Aが鈍角ならば，$T_1 < T_2$かつ$T_1 < T_3$
③ a，b，cの値に関係なく，$T_1 = T_2 = T_3$

(4)　△ABC，△AID，△BEF，△CGH のうち，外接円の半径が最も小さいものを求める。

$0° < A < 90°$ のとき，ID [ネ] BC であり

（△AID の外接円の半径）[ノ]（△ABC の外接円の半径）

であるから，外接円の半径が最も小さい三角形は

・$0° < A < B < C < 90°$ のとき，[ハ] である。

・$0° < A < B < 90° < C$ のとき，[ヒ] である。

[ネ]，[ノ] の解答群（同じものを繰り返し選んでもよい。）

⓪ <	① =	② >

[ハ]，[ヒ] の解答群（同じものを繰り返し選んでもよい。）

⓪ △ABC	① △AID	② △BEF	③ △CGH

（下 書 き 用 紙）

第2問（必答問題）　（配点 30）

〔1〕 陸上競技の短距離100 m 走では，100 m を走るのにかかる時間(以下，タイムと呼ぶ)は，1歩あたりの進む距離(以下，ストライドと呼ぶ)と1秒あたりの歩数(以下，ピッチと呼ぶ)に関係がある。ストライドとピッチはそれぞれ以下の式で与えられる。

$$\text{ストライド(m/歩)} = \frac{100\text{(m)}}{\text{100 m を走るのにかかった歩数(歩)}}$$

$$\text{ピッチ(歩/秒)} = \frac{\text{100 m を走るのにかかった歩数(歩)}}{\text{タイム(秒)}}$$

ただし，100 m を走るのにかかった歩数は，最後の1歩がゴールラインをまたぐこともあるので，小数で表される。以下，単位は必要のない限り省略する。

例えば，タイムが10.81で，そのときの歩数が48.5であったとき，ストライドは $\frac{100}{48.5}$ より約2.06，ピッチは $\frac{48.5}{10.81}$ より約4.49である。

なお，小数の形で解答する場合は，**解答上の注意**にあるように，指定された桁数の一つ下の桁を四捨五入して答えよ。また，必要に応じて，指定された桁まで⓪にマークせよ。

(1) ストライドをx，ピッチをzとおく。ピッチは1秒あたりの歩数，ストライドは1歩あたりの進む距離なので，1秒あたりの進む距離すなわち平均速度は，xとzを用いて［ア］(m/秒)と表される。

これより，タイム と，ストライド，ピッチとの関係は

$$\text{タイム} = \frac{100}{\boxed{\text{ア}}} \quad \cdots\cdots \text{①}$$

と表されるので，［ア］が最大になるときにタイムが最もよくなる。ただし，タイムがよくなるとは，タイムの値が小さくなることである。

［ア］の解答群

⓪ $x + z$	① $z - x$	② xz
③ $\frac{x + z}{2}$	④ $\frac{z - x}{2}$	⑤ $\frac{xz}{2}$

(2)　男子短距離100 m走の選手である太郎さんは，①に着目して，タイムが最もよくなるストライドとピッチを考えることにした。

次の表は，太郎さんが練習で100 mを3回走ったときのストライドとピッチのデータである。

	1回目	2回目	3回目
ストライド	2.05	2.10	2.15
ピッチ	4.70	4.60	4.50

また，ストライドとピッチにはそれぞれ限界がある。太郎さんの場合，ストライドの最大値は2.40，ピッチの最大値は4.80である。

太郎さんは，上の表から，ストライドが0.05大きくなるとピッチが0.1小さくなるという関係があると考えて，ピッチがストライドの1次関数として表されると仮定した。このとき，ピッチzはストライドxを用いて

$$z = \boxed{\text{イウ}}\,x + \frac{\boxed{\text{エオ}}}{5} \qquad \cdots\cdots\cdots\cdots ②$$

と表される。

②が太郎さんのストライドの最大値2.40とピッチの最大値4.80まで成り立つと仮定すると，xの値の範囲は次のようになる。

$$\boxed{\text{カ}}.\boxed{\text{キク}} \leqq x \leqq 2.40$$

$y =$ ［ア］とおく。② を $y =$ ［ア］に代入することにより，y を x の関数として表すことができる。太郎さんのタイムが最もよくなるストライドとピッチを求めるためには，［カ］.［キク］$\leqq x \leqq 2.40$ の範囲で y の値を最大にする x の値を見つければよい。このとき，y の値が最大になるのは $x =$ ［ケ］.［コサ］のときである。

よって，太郎さんのタイムが最もよくなるのは，ストライドが［ケ］.［コサ］のときであり，このとき，ピッチは［シ］.［スセ］である。また，このときの太郎さんのタイムは，① により［ソ］である。

［ソ］については，最も適当なものを，次の⓪～⑤のうちから一つ選べ。

⓪ 9.68	① 9.97	② 10.09
③ 10.33	④ 10.42	⑤ 10.55

〔2〕 就業者の従事する産業は，勤務する事業所の主な経済活動の種類によって，第1次産業(農業，林業と漁業)，第2次産業(鉱業，建設業と製造業)，第3次産業(前記以外の産業)の三つに分類される。国の労働状況の調査(国勢調査)では，47の都道府県別に第1次，第2次，第3次それぞれの産業ごとの就業者数が発表されている。ここでは都道府県別に，就業者数に対する各産業に就業する人数の割合を算出したものを，各産業の「就業者数割合」と呼ぶことにする。

（下 書 き 用 紙）

(1) 図1は，1975年度から2010年度まで5年ごとの8個の年度(それぞれを時点という)における都道府県別の三つの産業の就業者数割合を箱ひげ図で表したものである。各時点の箱ひげ図は，それぞれ上から順に第1次産業，第2次産業，第3次産業のものである。

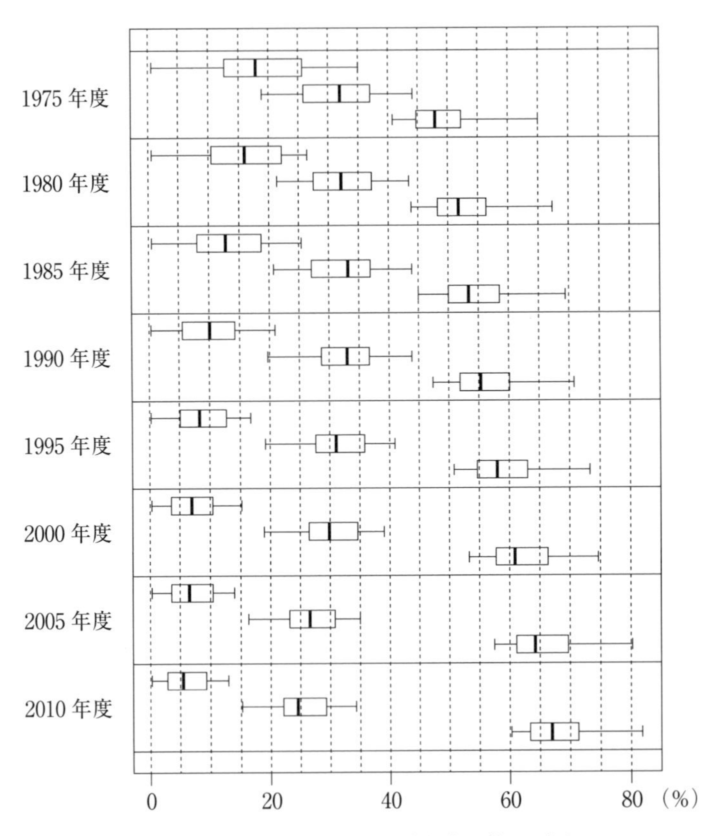

図1　三つの産業の就業者数割合の箱ひげ図

(出典：総務省のWebページにより作成)

次の⓪〜⑤のうち，図1から読み取れることとして**正しくないもの**は **タ** と **チ** である。

タ，チ の解答群(解答の順序は問わない。)

⓪ 第1次産業の就業者数割合の四分位範囲は，2000年度までは，後の時点になるにしたがって減少している。

① 第1次産業の就業者数割合について，左側のひげの長さと右側のひげの長さを比較すると，どの時点においても左側の方が長い。

② 第2次産業の就業者数割合の中央値は，1990年度以降，後の時点になるにしたがって減少している。

③ 第2次産業の就業者数割合の第1四分位数は，後の時点になるにしたがって減少している。

④ 第3次産業の就業者数割合の第3四分位数は，後の時点になるにしたがって増加している。

⑤ 第3次産業の就業者数割合の最小値は，後の時点になるにしたがって増加している。

(2) (1)で取り上げた8時点の中から5時点を取り出して考える。各時点における都道府県別の，第1次産業と第3次産業の就業者数割合のヒストグラムを一つのグラフにまとめてかいたものが，次ページの五つのグラフである。それぞれの右側の網掛けしたヒストグラムが第3次産業のものである。なお，ヒストグラムの各階級の区間は，左側の数値を含み，右側の数値を含まない。

・1985年度におけるグラフは ツ である。

・1995年度におけるグラフは テ である。

ツ ， テ については，最も適当なものを，次の⓪～④のうちから一つずつ選べ。ただし，同じものを繰り返し選んでもよい。

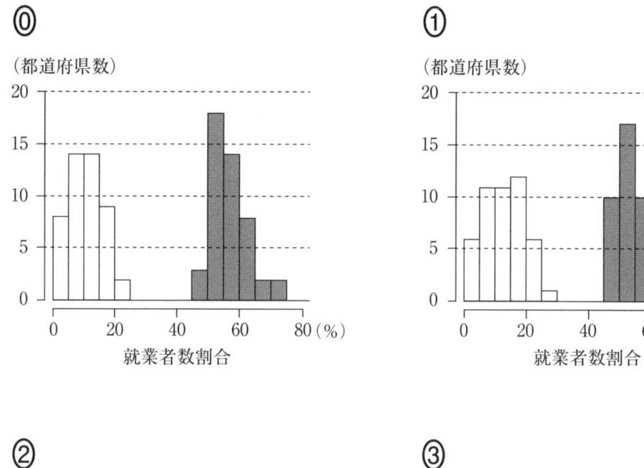

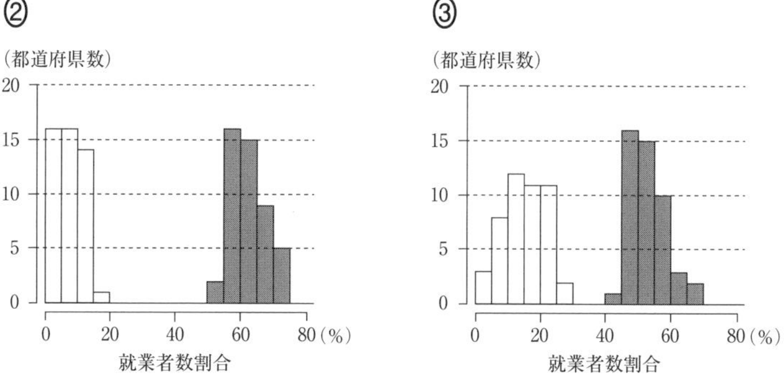

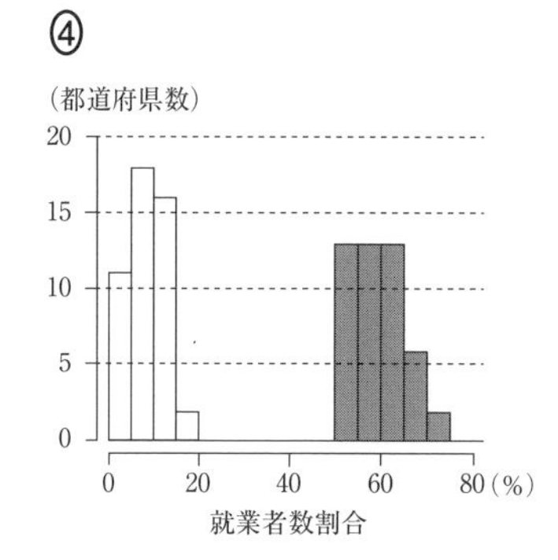

（出典：総務省の Web ページにより作成）

(3) 三つの産業から二つずつを組み合わせて都道府県別の就業者数割合の散布図を作成した。図2の散布図群は，左から順に1975年度における第1次産業(横軸)と第2次産業(縦軸)の散布図，第2次産業(横軸)と第3次産業(縦軸)の散布図，および第3次産業(横軸)と第1次産業(縦軸)の散布図である。また，図3は同様に作成した2015年度の散布図群である。

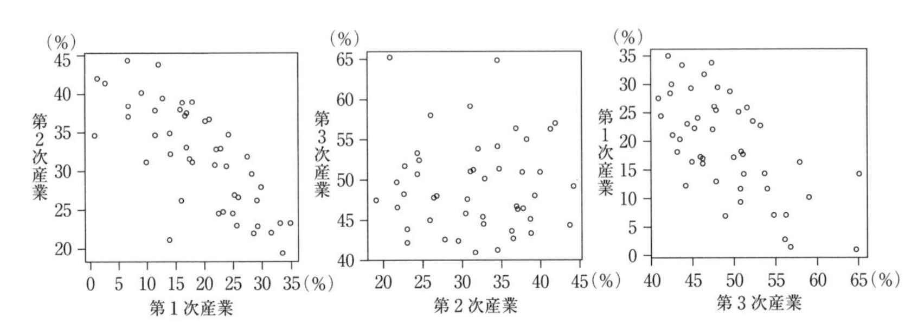

図2　1975年度の散布図群

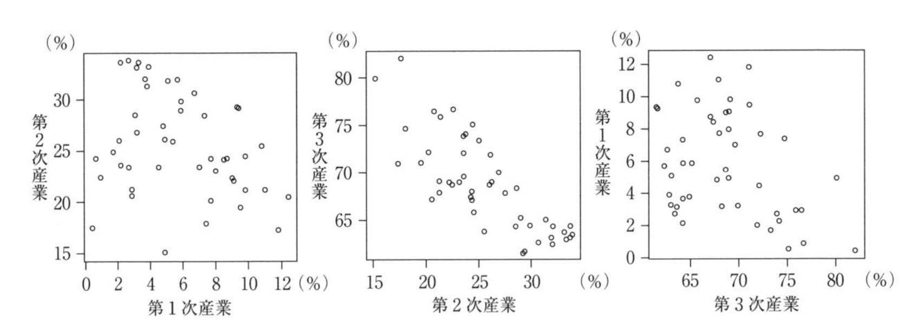

図3　2015年度の散布図群

(出典：図2，図3はともに総務省のWebページにより作成)

下の(I)，(II)，(III)は，1975年度を基準としたときの，2015年度の変化を記述したものである。ただし，ここで「相関が強くなった」とは，相関係数の絶対値が大きくなったことを意味する。

(I) 都道府県別の第1次産業の就業者数割合と第2次産業の就業者数割合の間の相関は強くなった。

(II) 都道府県別の第2次産業の就業者数割合と第3次産業の就業者数割合の間の相関は強くなった。

(III) 都道府県別の第3次産業の就業者数割合と第1次産業の就業者数割合の間の相関は強くなった。

(I)，(II)，(III)の正誤の組合せとして正しいものは ト である。

ト の解答群

	⓪	①	②	③	④	⑤	⑥	⑦
(I)	正	正	正	正	誤	誤	誤	誤
(II)	正	正	誤	誤	正	正	誤	誤
(III)	正	誤	正	誤	正	誤	正	誤

(4) 各都道府県の就業者数の内訳として男女別の就業者数も発表されている。そこで，就業者数に対する男性・女性の就業者数の割合をそれぞれ「男性の就業者数割合」,「女性の就業者数割合」と呼ぶことにし，これらを都道府県別に算出した。図4は，2015年度における都道府県別の，第1次産業の就業者数割合(横軸)と，男性の就業者数割合(縦軸)の散布図である。

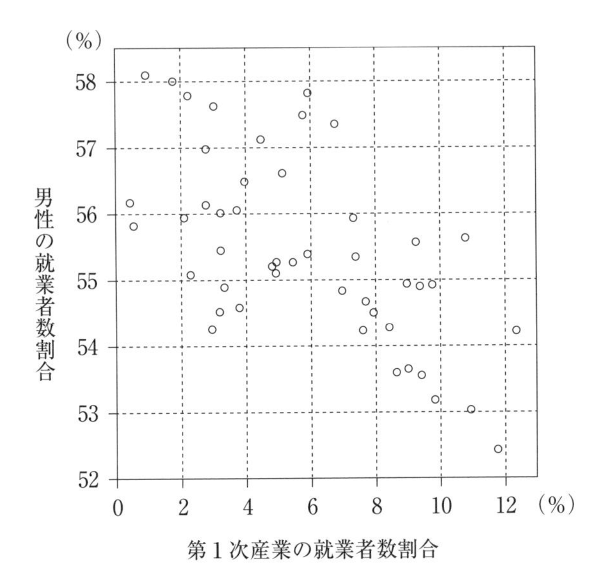

図4　都道府県別の，第1次産業の就業者数割合と，男性の就業者数割合の散布図

(出典：総務省のWebページにより作成)

各都道府県の，男性の就業者数と女性の就業者数を合計すると就業者数の全体となることに注意すると，2015年度における都道府県別の，第1次産業の就業者数割合(横軸)と，女性の就業者数割合(縦軸)の散布図は ナ である。

ナ については，最も適当なものを，下の⓪～③のうちから一つ選べ。なお，設問の都合で各散布図の横軸と縦軸の目盛りは省略しているが，横軸は右方向，縦軸は上方向がそれぞれ正の方向である。

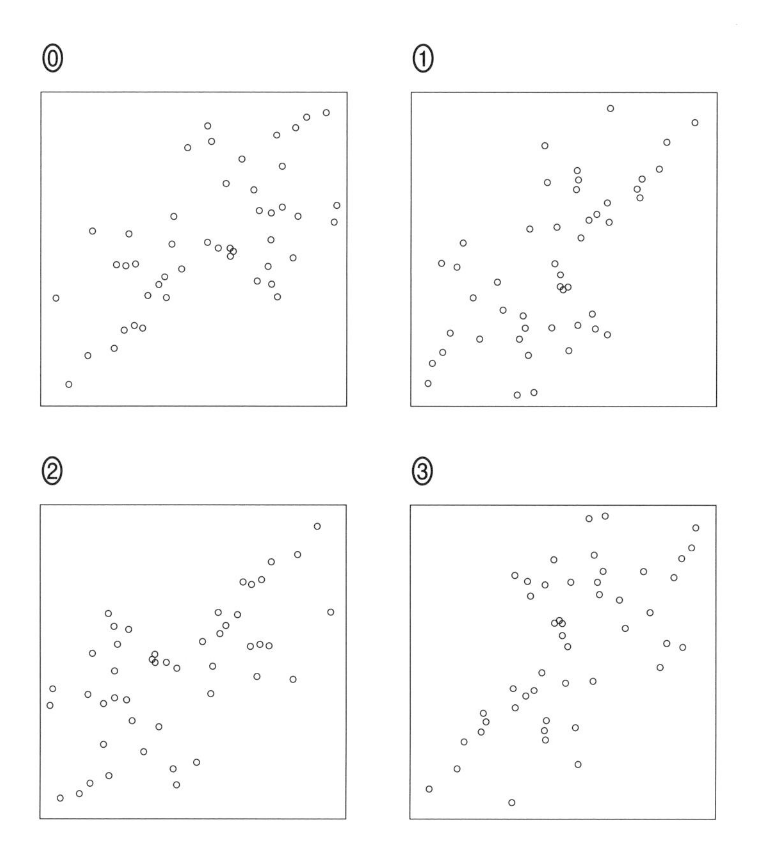

第3問（選択問題）　（配点 20）

中にくじが入っている箱が複数あり，各箱の外見は同じであるが，当たりくじを引く確率は異なっている。くじ引きの結果から，どの箱からくじを引いた可能性が高いかを，条件付き確率を用いて考えよう。

(1) 当たりくじを引く確率が $\frac{1}{2}$ である箱Aと，当たりくじを引く確率が $\frac{1}{3}$ である箱Bの二つの箱の場合を考える。

(i) 各箱で，くじを1本引いてはもとに戻す試行を3回繰り返したとき

箱Aにおいて，3回中ちょうど1回当たる確率は $\frac{\boxed{ア}}{\boxed{イ}}$　… ①

箱Bにおいて，3回中ちょうど1回当たる確率は $\frac{\boxed{ウ}}{\boxed{エ}}$　… ②

である。

(ii) まず，AとBのどちらか一方の箱をでたらめに選ぶ。次にその選んだ箱において，くじを1本引いてはもとに戻す試行を3回繰り返したところ，3回中ちょうど1回当たった。このとき，箱Aが選ばれる事象を A，箱Bが選ばれる事象を B，3回中ちょうど1回当たる事象を W とすると

$$P(A \cap W) = \frac{1}{2} \times \frac{\boxed{ア}}{\boxed{イ}},\quad P(B \cap W) = \frac{1}{2} \times \frac{\boxed{ウ}}{\boxed{エ}}$$

である。$P(W) = P(A \cap W) + P(B \cap W)$ であるから，3回中ちょうど1回当たったとき，選んだ箱がAである条件付き確率 $P_W(A)$ は $\frac{\boxed{オカ}}{\boxed{キク}}$ となる。また，条件付き確率 $P_W(B)$ は $\frac{\boxed{ケコ}}{\boxed{サシ}}$ となる。

(2) (1)の $P_W(A)$ と $P_W(B)$ について，次の**事実(＊)**が成り立つ。

事実(＊)

$P_W(A)$ と $P_W(B)$ の [ス] は，① の確率と② の確率の [ス] に等しい。

[ス] の解答群

⓪ 和	① 2乗の和	② 3乗の和	③ 比	④ 積

(3) 花子さんと太郎さんは**事実(＊)**について話している。

花子：**事実(＊)**はなぜ成り立つのかな？

太郎：$P_W(A)$ と $P_W(B)$ を求めるのに必要な $P(A \cap W)$ と $P(B \cap W)$ の計算で，①，② の確率に同じ数 $\frac{1}{2}$ をかけているからだよ。

花子：なるほどね。外見が同じ三つの箱の場合は，同じ数 $\frac{1}{3}$ をかけることになるので，同様のことが成り立ちそうだね。

当たりくじを引く確率が，$\frac{1}{2}$ である箱A，$\frac{1}{3}$ である箱B，$\frac{1}{4}$ である箱Cの三つの箱の場合を考える。まず，A，B，Cのうちどれか一つの箱をでたらめに選ぶ。次にその選んだ箱において，くじを1本引いてはもとに戻す試行を3回繰り返したところ，3回中ちょうど1回当たった。このとき，選んだ箱がAである条件付き確率は $\dfrac{\boxed{セソタ}}{\boxed{チツテ}}$ となる。

(4)

花子：どうやら箱が三つの場合でも，条件付き確率の［ス］は各箱で3回中ちょうど1回当たりくじを引く確率の［ス］になっているみたいだね。

太郎：そうだね。それを利用すると，条件付き確率の値は計算しなくても，その大きさを比較することができるね。

当たりくじを引く確率が，$\frac{1}{2}$ である箱A，$\frac{1}{3}$ である箱B，$\frac{1}{4}$ である箱C，$\frac{1}{5}$ である箱Dの四つの箱の場合を考える。まず，A，B，C，Dのうちどれか一つの箱をでたらめに選ぶ。次にその選んだ箱において，くじを1本引いてはもとに戻す試行を3回繰り返したところ，3回中ちょうど1回当たった。このとき，条件付き確率を用いて，どの箱からくじを引いた可能性が高いかを考える。可能性が高い方から順に並べると［ト］となる。

［ト］の解答群

⓪ A，B，C，D	① A，B，D，C	② A，C，B，D
③ A，C，D，B	④ A，D，B，C	⑤ B，A，C，D
⑥ B，A，D，C	⑦ B，C，A，D	⑧ B，C，D，A

（下 書 き 用 紙）

第4問（選択問題）　（配点 20）

円周上に15個の点 P_0, P_1, …, P_{14} が反時計回りに順に並んでいる。最初，点 P_0 に石がある。さいころを投げて偶数の目が出たら石を反時計回りに5個先の点に移動させ，奇数の目が出たら石を時計回りに3個先の点に移動させる。この操作を繰り返す。例えば，石が点 P_5 にあるとき，さいころを投げて6の目が出たら石を点 P_{10} に移動させる。次に，5の目が出たら点 P_{10} にある石を点 P_7 に移動させる。

(1)　さいころを5回投げて，偶数の目が［ア］回，奇数の目が［イ］回出れば，点 P_0 にある石を点 P_1 に移動させることができる。このとき，$x=$［ア］，$y=$［イ］は，不定方程式 $5x-3y=1$ の整数解になっている。

(2) 不定方程式

$$5x - 3y = 8 \qquad \cdots\cdots\cdots\cdots ①$$

のすべての整数解 x, y は，k を整数として

$x =$ ［ア］$\times 8 +$ ［ウ］k, $y =$ ［イ］$\times 8 +$ ［エ］k

と表される。① の整数解 x, y の中で，$0 \leqq y <$ ［エ］を満たすものは

$x =$ ［オ］, $y =$ ［カ］

である。したがって，さいころを［キ］回投げて，偶数の目が［オ］回，奇数の目が［カ］回出れば，点 P_0 にある石を点 P_8 に移動させることができる。

(3) (2)において，さいころを キ 回より少ない回数だけ投げて，点 P_0 にある石を点 P_8 に移動させることはできないだろうか。

(＊) 石を反時計回りまたは時計回りに15個先の点に移動させると元の点に戻る。

(＊)に注意すると，偶数の目が ク 回，奇数の目が ケ 回出れば，さいころを投げる回数が コ 回で，点 P_0 にある石を点 P_8 に移動させることができる。このとき，コ ＜ キ である。

(4) 点 P_1，P_2，…，P_{14} のうちから点を一つ選び，点 P_0 にある石をさいころを何回か投げてその点に移動させる。そのために必要となる，さいころを投げる最小回数を考える。例えば，さいころを1回だけ投げて点 P_0 にある石を点 P_2 へ移動させることはできないが，さいころを2回投げて偶数の目と奇数の目が1回ずつ出れば，点 P_0 にある石を点 P_2 へ移動させることができる。したがって，点 P_2 を選んだ場合には，この最小回数は2回である。

点 P_1，P_2，…，P_{14} のうち，この最小回数が最も大きいのは点 サ であり，その最小回数は シ 回である。

サ の解答群

⓪ P_{10}	① P_{11}	② P_{12}	③ P_{13}	④ P_{14}

（下 書 き 用 紙）

第5問（選択問題）　（配点 20）

△ABC において，AB = 3，BC = 4，AC = 5とする。

∠BAC の二等分線と辺 BC との交点を D とすると

$$\mathrm{BD} = \frac{\boxed{\text{ア}}}{\boxed{\text{イ}}},\quad \mathrm{AD} = \frac{\boxed{\text{ウ}}\sqrt{\boxed{\text{エ}}}}{\boxed{\text{オ}}}$$

である。

また，∠BAC の二等分線と△ABC の外接円 O との交点で点 A とは異なる点を E とする。△AEC に着目すると

$$\mathrm{AE} = \boxed{\text{カ}}\sqrt{\boxed{\text{キ}}}$$

である。

△ABC の2辺 AB と AC の両方に接し，外接円 O に内接する円の中心を P とする。円 P の半径を r とする。さらに，円 P と外接円 O との接点を F とし，直線 PF と外接円 O との交点で点 F とは異なる点を G とする。このとき

$$\mathrm{AP} = \sqrt{\boxed{\text{ク}}}\,r,\quad \mathrm{PG} = \boxed{\text{ケ}} - r$$

と表せる。したがって，方べきの定理により $r = \dfrac{\boxed{\text{コ}}}{\boxed{\text{サ}}}$ である。

△ABC の内心を Q とする。内接円 Q の半径は [シ] で，$AQ = \sqrt{[ス]}$ である。また，円 P と辺 AB との接点を H とすると，$AH = \frac{[セ]}{[ソ]}$ である。

以上から，点 H に関する次の(a)，(b)の正誤の組合せとして正しいものは [タ] である。

(a) 点 H は 3 点 B，D，Q を通る円の周上にある。

(b) 点 H は 3 点 B，E，Q を通る円の周上にある。

[タ] の解答群

	⓪	①	②	③
(a)	正	正	誤	誤
(b)	正	誤	正	誤

やさしく
ひもとく 共通テスト

数学 I・A

令和3年度（2021年度）
第2日程 試験問題

問　題	選択方法
第1問	必　答
第2問	必　答
第3問	いずれか2問を選択し，解答しなさい。
第4問	
第5問	

配点 ———— 100点
試験時間 —— 70分

第1問（必答問題）　（配点 30）

〔1〕 a，b を定数とするとき，x についての不等式

$$|ax - b - 7| < 3 \quad \cdots\cdots ①$$

を考える。

(1) $a = -3$，$b = -2$ とする。① を満たす整数全体の集合を P とする。この集合 P を，要素を書き並べて表すと

$P = \{$ **アイ** ， **ウエ** $\}$

となる。ただし， アイ ， ウエ の解答の順序は問わない。

(2) $a = \dfrac{1}{\sqrt{2}}$ とする。

(i) $b = 1$ のとき，① を満たす整数は全部で **オ** 個である。

(ii) ① を満たす整数が全部で（ オ $+ 1$）個であるような正の整数 b のうち，最小のものは **カ** である。

〔2〕 平面上に2点A，Bがあり，AB = 8である。直線AB上にない点Pをとり，△ABPをつくり，その外接円の半径をRとする。

太郎さんは，図1のように，コンピュータソフトを使って点Pをいろいろな位置にとった。

図1は，点Pをいろいろな位置にとったときの△ABPの外接円をかいたものである。

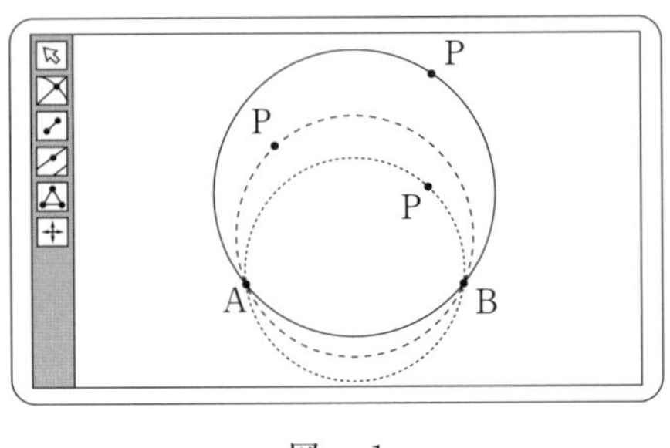

図 1

(1) 太郎さんは，点Pのとり方によって外接円の半径が異なることに気づき，次の**問題1**を考えることにした。

問題1 点Pをいろいろな位置にとるとき，外接円の半径Rが最小となる△ABPはどのような三角形か。

正弦定理により，$2R = \dfrac{\boxed{\text{キ}}}{\sin\angle\text{APB}}$ である。よって，Rが最小となるのは $\angle\text{APB} = \boxed{\text{クケ}}^\circ$ の三角形である。このとき，$R = \boxed{\text{コ}}$ である。

(2) 太郎さんは，図2のように，**問題1**の点Pのとり方に条件を付けて，次の**問題2**を考えた。

問題2　直線ABに平行な直線をℓとし，直線ℓ上で点Pをいろいろな位置にとる。このとき，外接円の半径Rが最小となる△ABPはどのような三角形か。

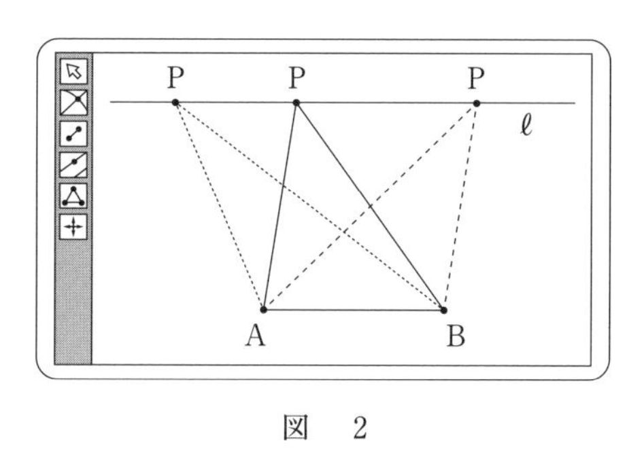

図　2

太郎さんは，この問題を解決するために，次の構想を立てた。

問題2の解決の構想

問題1の考察から，線分ABを直径とする円をCとし，円Cに着目する。直線ℓは，その位置によって，円Cと共有点をもつ場合ともたない場合があるので，それぞれの場合に分けて考える。

直線ABと直線ℓとの距離をhとする。直線ℓが円Cと共有点をもつ場合は，$h \leqq$ **サ** のときであり，共有点をもたない場合は，$h >$ サ のときである。

(i) $h \leqq$ [サ] のとき

直線 ℓ が円Cと共有点をもつので，R が最小となる△ABPは，$h <$ [サ] のとき [シ] であり，$h =$ [サ] のとき直角二等辺三角形である。

(ii) $h >$ [サ] のとき

線分ABの垂直二等分線を m とし，直線 m と直線 ℓ との交点を P_1 とする。直線 ℓ 上にあり点 P_1 とは異なる点を P_2 とするとき $\sin\angle AP_1B$ と $\sin\angle AP_2B$ の大小を考える。

$\triangle ABP_2$ の外接円と直線 m との共有点のうち，直線ABに関して点 P_2 と同じ側にある点を P_3 とすると，$\angle AP_3B$ [ス] $\angle AP_2B$ である。

また，$\angle AP_3B < \angle AP_1B < 90°$ より $\sin\angle AP_3B$ [セ] $\sin\angle AP_1B$ である。このとき

($\triangle ABP_1$ の外接円の半径) [ソ] ($\triangle ABP_2$ の外接円の半径)

であり，R が最小となる△ABPは [タ] である。

[シ]，[タ] については，最も適当なものを，次の⓪～④のうちから一つずつ選べ。ただし，同じものを繰り返し選んでもよい。

⓪ 鈍角三角形	① 直角三角形	② 正三角形
③ 二等辺三角形	④ 直角二等辺三角形	

[ス] ～ [ソ] の解答群(同じものを繰り返し選んでもよい。)

⓪ $<$	① $=$	② $>$

(3) **問題2**の考察を振り返って，$h = 8$のとき，△ABPの外接円の半径Rが最小である場合について考える。このとき，$\sin \angle \mathrm{APB} = \dfrac{\boxed{チ}}{\boxed{ツ}}$であり，$R = \boxed{テ}$である。

第2問（必答問題）　　（配点 30）

〔1〕 花子さんと太郎さんのクラスでは，文化祭でたこ焼き店を出店することになった。二人は1皿あたりの価格をいくらにするかを検討している。次の表は，過去の文化祭でのたこ焼き店の売り上げデータから，1皿あたりの価格と売り上げ数の関係をまとめたものである。

1皿あたりの価格(皿)	200	250	300
売り上げ数(皿)	200	150	100

(1) まず，二人は，上の表から，1皿あたりの価格が50円上がると売り上げ数が50皿減ると考えて，売り上げ数が1皿あたりの価格の1次関数で表されると仮定した。このとき，1皿あたりの価格をx円とおくと，売り上げ数は

$\boxed{アイウ} - x$  ①

と表される。

(2) 次に，二人は，利益の求め方について考えた。

花子：利益は，売り上げ金額から必要な経費を引けば求められるよ。
太郎：売り上げ金額は，1皿あたりの価格と売り上げ数の積で求まるね。
花子：必要な経費は，たこ焼き用器具の賃貸料と材料費の合計だね。材料費は，売り上げ数と1皿あたりの材料費の積になるね。

二人は，次の三つの条件のもとで，1皿あたりの価格xを用いて利益を表すことにした。

（条件1） 1皿あたりの価格がx円のときの売り上げ数として ① を用いる。

（条件2） 材料は，① により得られる売り上げ数に必要な分量だけ仕入れる。

（条件3） 1皿あたりの材料費は160円である。たこ焼き用器具の賃貸料は6000円である。材料費とたこ焼き用器具の賃貸料以外の経費はない。

利益をy円とおく。yをxの式で表すと

$$y = -x^2 + \boxed{\text{エオカ}}\,x - \boxed{\text{キ}} \times 10000 \quad \cdots\cdots\cdots\cdots ②$$

である。

(3) 太郎さんは利益を最大にしたいと考えた。② を用いて考えると，利益が最大になるのは1皿あたりの価格が $\boxed{\text{クケコ}}$ 円のときであり，そのときの利益は $\boxed{\text{サシスセ}}$ 円である。

(4) 花子さんは，利益を7500円以上となるようにしつつ，できるだけ安い価格で提供したいと考えた。② を用いて考えると，利益が7500円以上となる1皿あたりの価格のうち，最も安い価格は $\boxed{\text{ソタチ}}$ 円となる。

〔2〕 総務省が実施している国勢調査では都道府県ごとの総人口が調べられており，その内訳として日本人人口と外国人人口が公表されている。また，外務省では旅券(パスポート)を取得した人数を都道府県ごとに公表している。加えて，文部科学省では都道府県ごとの小学校に在籍する児童数を公表している。

そこで，47都道府県の，人口1万人あたりの外国人人口(以下，外国人数)，人口1万人あたりの小学校児童数(以下，小学生数)，また，日本人1万人あたりの旅券を取得した人数(以下，旅券取得者数)を，それぞれ計算した。

(1) 図1は，2010年における47都道府県の，旅券取得者数(横軸)と小学生数(縦軸)の関係を黒丸で，また，旅券取得者数(横軸)と外国人数(縦軸)の関係を白丸で表した散布図である。

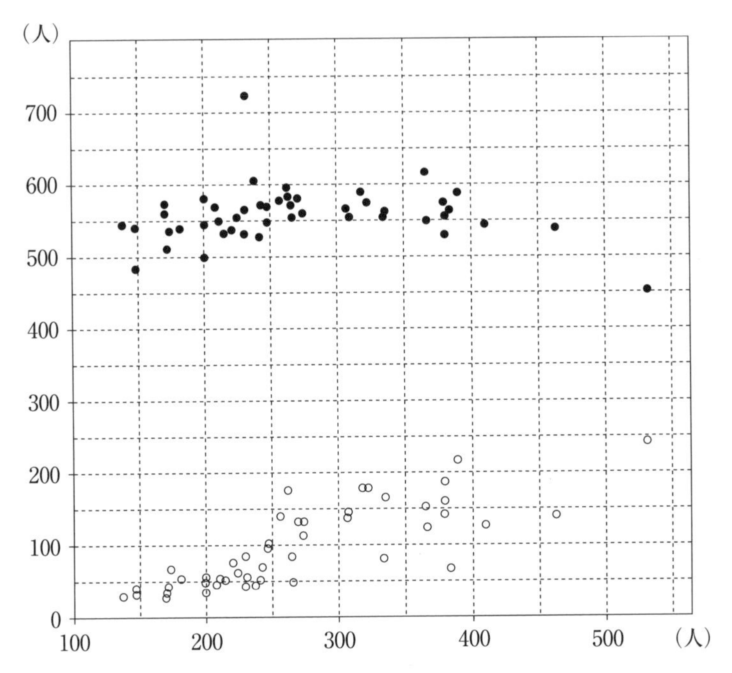

図1　2010年における，旅券取得者数と小学生数の散布図(黒丸)，旅券取得者数と外国人数の散布図(白丸)

(出典：外務省，文部科学省および総務省のWebページにより作成)

次の(Ⅰ)，(Ⅱ)，(Ⅲ)は図1の散布図に関する記述である。

(Ⅰ) 小学生数の四分位範囲は，外国人数の四分位範囲より大きい。

(Ⅱ) 旅券取得者数の範囲は，外国人数の範囲より大きい。

(Ⅲ) 旅券取得者数と小学生数の相関係数は，旅券取得者数と外国人数の相関係数より大きい。

(Ⅰ)，(Ⅱ)，(Ⅲ)の正誤の組合せとして正しいものは ツ である。

ツ の解答群

	⓪	①	②	③	④	⑤	⑥	⑦
(Ⅰ)	正	正	正	正	誤	誤	誤	誤
(Ⅱ)	正	正	誤	誤	正	正	誤	誤
(Ⅲ)	正	誤	正	誤	正	誤	正	誤

(2)　一般に，度数分布表

階級値	x_1	x_2	x_3	x_4	…	x_k	計
度数	f_1	f_2	f_3	f_4	…	f_k	n

が与えられていて，各階級に含まれるデータの値がすべてその階級値に等しいと仮定すると，平均値 $\bar{x}$ は

$$\bar{x}=\frac{1}{n}(x_1f_1+x_2f_2+x_3f_3+x_4f_4+\cdots+x_kf_k)$$

で求めることができる。さらに階級の幅が一定で，その値が h のときは

$$x_2=x_1+h,\ x_3=x_1+2h,\ x_4=x_1+3h,\ \cdots,\ x_k=x_1+(k-1)h$$

に注意すると

$$\bar{x}=\boxed{\text{テ}}$$

と変形できる。

テ については，最も適当なものを，次の⓪～④のうちから一つ選べ。

⓪ $\dfrac{x_1}{n}(f_1+f_2+f_3+f_4+\cdots+f_k)$

① $\dfrac{h}{n}(f_1+2f_2+3f_3+4f_4+\cdots+kf_k)$

② $x_1+\dfrac{h}{n}(f_2+f_3+f_4+\cdots+f_k)$

③ $x_1+\dfrac{h}{n}\{f_2+2f_3+3f_4+\cdots+(k-1)f_k\}$

④ $\dfrac{1}{2}(f_1+f_k)x_1-\dfrac{1}{2}(f_1+kf_k)$

図2は，2008年における47都道府県の旅券取得者数のヒストグラムである。なお，ヒストグラムの各階級の区間は，左側の数値を含み，右側の数値を含まない。

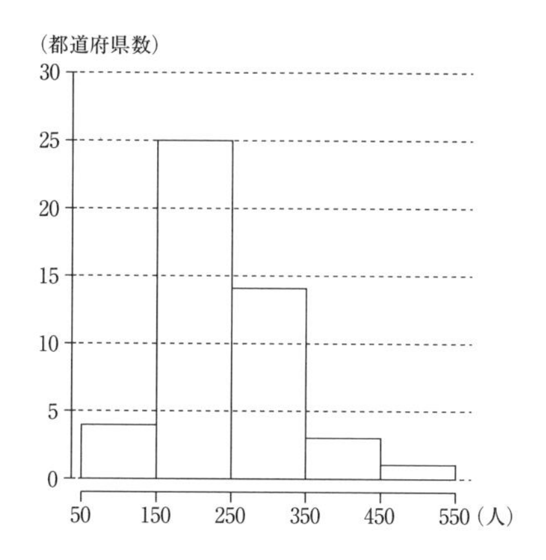

図2　2008年における旅券取得者数のヒストグラム

(出典：外務省のWebページにより作成)

図2のヒストグラムに関して，各階級に含まれるデータの値がすべてその階級値に等しいと仮定する。このとき，平均値 $\bar{x}$ は小数第1位を四捨五入すると **トナニ** である。

(3)　一般に，度数分布表

階級値	x_1	x_2	$\cdots$	x_k	計
度数	f_1	f_2	$\cdots$	f_k	n

が与えられていて，各階級に含まれるデータの値がすべてその階級値に等しいと仮定すると，分散 s^2 は

$$s^2 = \frac{1}{n}\left\{(x_1 - \overline{x})^2 f_1 + (x_2 - \overline{x})^2 f_2 + \cdots + (x_k - \overline{x})^2 f_k\right\}$$

で求めることができる。さらに s^2 は

$$s^2 = \frac{1}{n}\left\{(x_1{}^2 f_1 + x_2{}^2 f_2 + \cdots + x_k{}^2 f_k) - 2\overline{x} \times \boxed{\text{ヌ}} + (\overline{x})^2 \times \boxed{\text{ネ}}\right\}$$

と変形できるので

$$s^2 = \frac{1}{n}(x_1{}^2 f_1 + x_2{}^2 f_2 + \cdots + x_k{}^2 f_k) - \boxed{\text{ノ}} \quad \cdots\cdots\cdots\cdots\cdots\cdots ①$$

である。

[ヌ]～[ノ]の解答群(同じものを繰り返し選んでもよい。)

⓪ n	① n^2	② $\overline{x}$	③ $n\overline{x}$	④ $2n\overline{x}$
⑤ $n^2\overline{x}$	⑥ $(\overline{x})^2$	⑦ $n(\overline{x})^2$	⑧ $2n(\overline{x})^2$	⑨ $3n(\overline{x})^2$

図3は，図2を再掲したヒストグラムである。

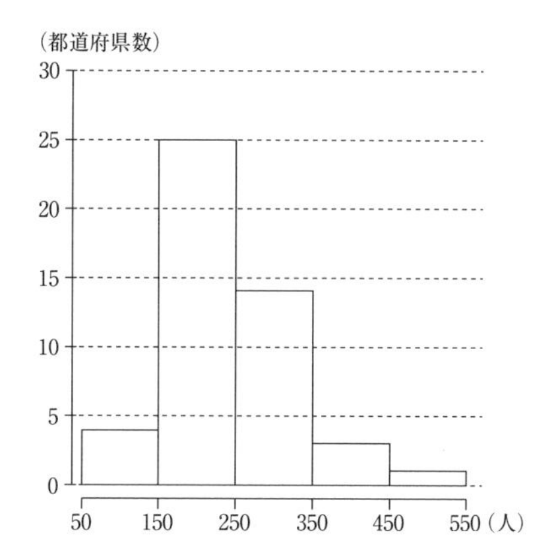

図3　2008年における旅券取得者数のヒストグラム

(出典：外務省のWebページにより作成)

図3のヒストグラムに関して，各階級に含まれるデータの値がすべてその階級値に等しいと仮定すると，平均値$\bar{x}$は(2)で求めた［トナニ］である。［トナニ］の値と式①を用いると，分散s^2は［ハ］である。

［ハ］については，最も近いものを，次の⓪～⑦のうちから一つ選べ。

⓪ 3900	① 4900	② 5900	③ 6900
④ 7900	⑤ 8900	⑥ 9900	⑦ 10900

第3問（選択問題） （配点 20）

二つの袋A，Bと一つの箱がある。Aの袋には赤球2個と白球1個が入っており，Bの袋には赤球3個と白球1個が入っている。また，箱には何も入っていない。

(1) A，Bの袋から球をそれぞれ1個ずつ同時に取り出し，球の色を調べずに箱に入れる。

(i) 箱の中の2個の球のうち少なくとも1個が赤球である確率は $\frac{\boxed{アイ}}{\boxed{ウエ}}$ である。

(ii) 箱の中をよくかき混ぜてから球を1個取り出すとき，取り出した球が赤球である確率は $\frac{\boxed{オカ}}{\boxed{キク}}$ であり，取り出した球が赤球であったときに，それがBの袋に入っていたものである条件付き確率は $\frac{\boxed{ケ}}{\boxed{コサ}}$ である。

(2)　A，Bの袋から球をそれぞれ2個ずつ同時に取り出し，球の色を調べずに箱に入れる。

(i)　箱の中の4個の球のうち，ちょうど2個が赤球である確率は $\dfrac{\boxed{シ}}{\boxed{ス}}$ である。また，箱の中の4個の球のうち，ちょうど3個が赤球である確率は $\dfrac{\boxed{セ}}{\boxed{ソ}}$ である。

(ii)　箱の中をよくかき混ぜてから球を2個同時に取り出すとき，どちらの球も赤球である確率は $\dfrac{\boxed{タチ}}{\boxed{ツテ}}$ である。また，取り出した2個の球がどちらも赤球であったときに，それらのうちの1個のみがBの袋に入っていたものである条件付き確率は $\dfrac{\boxed{トナ}}{\boxed{ニヌ}}$ である。

第4問（選択問題）　（配点 20）

正の整数 m に対して

$$a^2+b^2+c^2+d^2=m,\ a \geqq b \geqq c \geqq d \geqq 0 \quad \cdots\cdots\cdots\cdots ①$$

を満たす整数 a, b, c, d の組がいくつあるかを考える。

(1) $m=14$ のとき，① を満たす整数 a, b, c, d の組 (a, b, c, d) は

$$(\boxed{ア},\ \boxed{イ},\ \boxed{ウ},\ \boxed{エ})$$

のただ一つである。

また，$m=28$ のとき，① を満たす整数 a, b, c, d の組の個数は $\boxed{オ}$ 個である。

(2) a が奇数のとき，整数 n を用いて $a=2n+1$ と表すことができる。このとき，$n(n+1)$ は偶数であるから，次の条件がすべての奇数 a で成り立つような正の整数 h のうち，最大のものは $h=\boxed{カ}$ である。

条件：a^2-1 は h の倍数である。

よって，a が奇数のとき，a^2 を $\boxed{カ}$ で割ったときの余りは1である。

また，a が偶数のとき，a^2 を $\boxed{カ}$ で割ったときの余りは，0または4のいずれかである。

(3) (2)により，$a^2+b^2+c^2+d^2$が[カ]の倍数ならば，整数a，b，c，dのうち，偶数であるものの個数は[キ]個である。

(4) (3)を用いることにより，mが[カ]の倍数であるとき，①を満たす整数a，b，c，dが求めやすくなる。

例えば，$m=224$のとき，①を満たす整数a，b，c，dの組$(a,\ b,\ c,\ d)$は

([クケ], [コ], [サ], [シ])

のただ一つであることがわかる。

(5) 7の倍数で896の約数である正の整数mのうち，①を満たす整数a，b，c，dの組の個数が[オ]個であるものの個数は[ス]個であり，そのうち最大のものは$m=$[セソタ]である。

第5問（選択問題）　（配点 20）

点Zを端点とする半直線ZXと半直線ZYがあり，$0° < \angle XZY < 90°$ とする。また，$0° < \angle SZX < \angle XZY$ かつ $0° < \angle SZY < \angle XZY$ を満たす点Sをとる。点Sを通り，半直線ZXと半直線ZYの両方に接する円を作図したい。

円Oを，次の(Step 1)～(Step 5)の**手順**で作図する。

手順

(Step 1)　$\angle XZY$ の二等分線 ℓ 上に点Cをとり，下図のように半直線ZXと半直線ZYの両方に接する円Cを作図する。また，円Cと半直線ZXとの接点をD，半直線ZYとの接点をEとする。

(Step 2)　円Cと直線ZSとの交点の一つをGとする。

(Step 3)　半直線ZX上に点Hを $DG /\!/ HS$ を満たすようにとる。

(Step 4)　点Hを通り，半直線ZXに垂直な直線を引き，ℓ との交点をOとする。

(Step 5)　点Oを中心とする半径OHの円Oをかく。

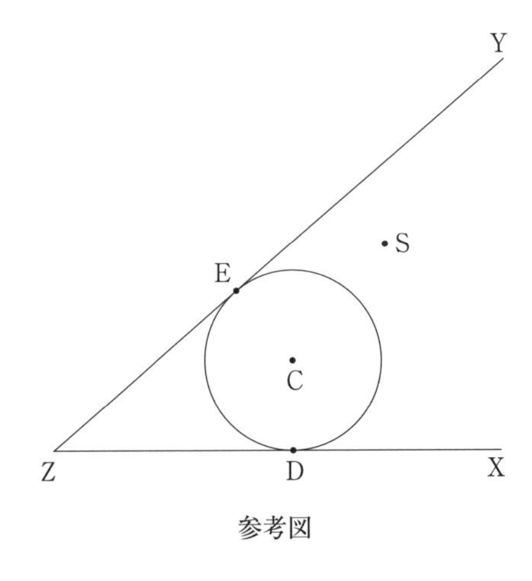

参考図

(1) (Step 1)～(Step 5)の**手順**で作図した円Oが求める円であることは，次の**構想**に基づいて下のように説明できる。

構想

円Oが点Sを通り，半直線ZXと半直線ZYの両方に接する円であることを示すには，OH = [ア] が成り立つことを示せばよい。

作図の**手順**より，△ZDGと△ZHSとの関係，および△ZDCと△ZHOとの関係に着目すると

DG : [イ] = [ウ] : [エ]

DC : [オ] = [ウ] : [エ]

であるから，DG : [イ] = DC : [オ] となる。

ここで，3点S，O，Hが一直線上にない場合は，∠CDG = ∠[カ] であるので，△CDGと△[カ] との関係に着目すると，CD = CGより OH = [ア] であることがわかる。

なお，3点S，O，Hが一直線上にある場合は，DG = [キ] DCとなり，DG : [イ] = DC : [オ] より OH = [ア] であることがわかる。

[ア] ～ [オ] の解答群(同じものを繰り返し選んでもよい。)

⓪ DH	① HO	② HS	③ OD	④ OG
⑤ OS	⑥ ZD	⑦ ZH	⑧ ZO	⑨ ZS

[カ] の解答群

⓪ OHD	① OHG	② OHS	③ ZDS
④ ZHG	⑤ ZHS	⑥ ZOS	⑦ ZCG

(2) 点Sを通り，半直線ZXと半直線ZYの両方に接する円は二つ作図できる。

特に，点Sが∠XZYの二等分線ℓ上にある場合を考える。半径が大きい方の円の中心をO_1とし，半径が小さい方の円の中心をO_2とする。また，円O_2と半直線ZYが接する点をIとする。円O_1と半直線ZYが接する点をJとし，円O_1と半直線ZXが接する点をKとする。

作図をした結果，円O_1の半径は5，円O_2の半径は3であったとする。このとき，IJ = [ク]$\sqrt{[ケコ]}$ である。さらに，円O_1と円O_2の接点Sにおける共通接線と半直線ZYとの交点をLとし，直線LKと円O_1との交点で点Kとは異なる点をMとすると

LM・LK = [サシ]

である。

また，ZI = [ス]$\sqrt{[セソ]}$ であるので，直線LKと直線ℓとの交点をNとすると

$\frac{LN}{NK}$ = $\frac{[タ]}{[チ]}$，SN = $\frac{[ツ]}{[テ]}$

である。

MEMO

MEMO

MEMO

YASASHIKU HIMOTOKU

Mathematics Ⅰ·A

実況動画

やさしくひもとく 共通テスト

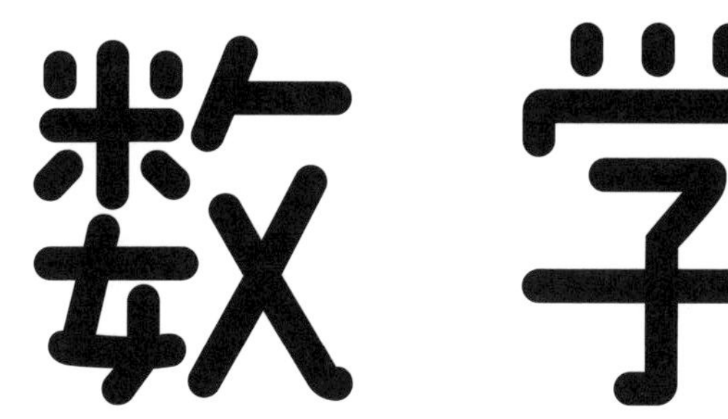

I・A

河合塾・数学のトリセツ　迫田昂輝

Gakken

本書の使い方

STEP 1 まずは試験時間どおりに過去問を解く

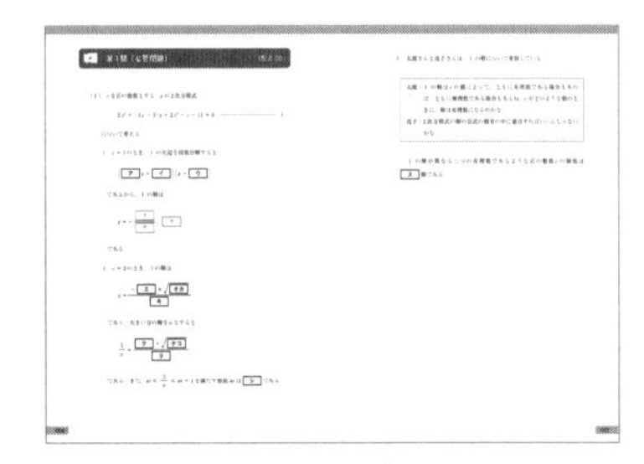

▲別冊過去問

- 本書の別冊には，令和３年度（2021 年度）に実施された大学入学共通テスト（以下，共通テスト）の過去問が２回分収録されています。
- まずは第１日程の問題を解いてみましょう。
- 試験時間を確認し，必ず時間を計りながら取り組みましょう。それにより，現在の自分の実力を知ることができます。
- 数学Ⅰ･A の場合，試験時間は 70 分です。

STEP 2 間違えた問題を中心に，実況動画でしっかり復習する

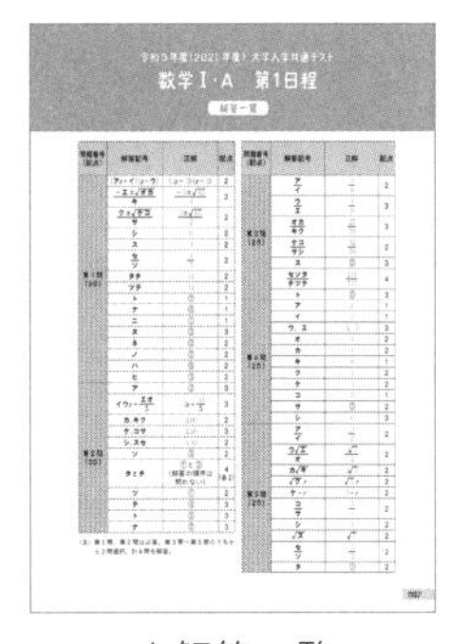

▲解答一覧

- 過去問を解き終わったら，まずは本冊の解答一覧で答え合わせをします。
- 答え合わせの際には，間違えた問題だけでなく，自信はなかったけれど正解していた問題や，たまたま正解した問題も必ずチェックしましょう。
- つづいて，解説ページの QR コードから動画を視聴します。
- 先生が問題を解くときの着眼点や考え方を確認することで，正解を導き出すためのプロセスを体験することができます。

解説も併用しながら復習し，試験本番に備える

» 問題と解説を照らし合わせながらしっかり復習するために，**問題を解くときの着眼点や解き方のプロセスがまとめられている本冊**を参考にしてください。

» 本冊には，解説に加えて，解答時に必要な公式や，解答時間短縮のためのテクニックなども掲載しています。

» 第１日程の復習が終わったら，**第２日程の過去問**に進みます。第１日程と同様に時間を計り，動画と本冊解説を活用してしっかり復習し，試験本番に備えましょう。

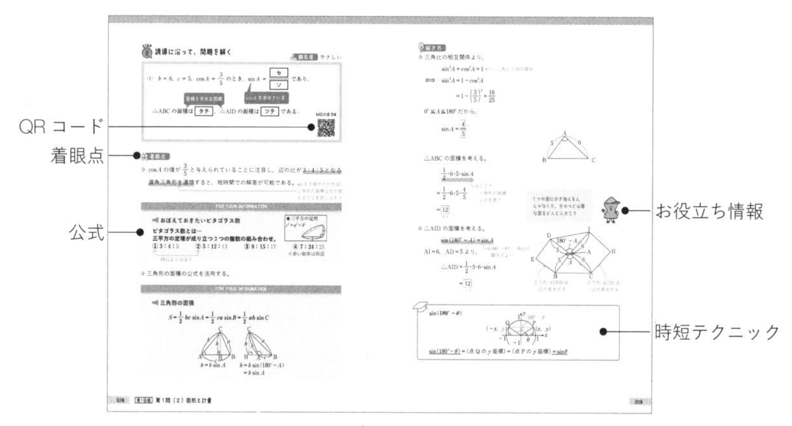

▲解　説

動画の視聴方法

» 解説ページのQRコードをタブレット端末などで読み取ることで，問題を解くときの手元を映した実況動画を視聴することができます。

» また，タブレット端末などから右下のQRコードを読み取るか，パソコンから下記のURLにアクセスし，表紙画像を選択後，ユーザー名とパスワードを入力すると，一覧ページから見たい動画に進むことができます。

https://gakken-ep.jp/extra/himotoku2021/

ユーザー名：yshmm1／パスワード：m5c7dugk

＊お客様のネット環境および端末により動画を利用できない場合，当社は責任を負いかねます。
＊動画の公開は予告なく終了することがございます。

共通テストの心得

数学Ⅰ・Aの試験の試験時間は70分で，その時間制限の中で大問を4つ解かなければなりません。共通テストで高得点をとるために大切なことは，“時間内”に“ミスなく”問題を解くことです。そのための心得を3つ紹介します。

① 途中式や図をかく

» 共通テストはマーク形式の試験ですが，**途中式をかくこと**を意識しましょう。
» 途中式をかくことで**計算ミスを防いだり，ミスに気がついたときのリカバリーができたり**します。
» その際は，時間のロス防止のために**消しゴムは使わず，線で消すよう**にしましょう。
» **図は，ある程度正確に，かつ問題の設定が変わるたびにかくようにしましょう**。適当に作図したり，一度かいた図にかき足したりすると，解法に気がつきにくくなります。

② オチを見る

» 試験が始まったら，まずは**問題全体をさっと見るようにしましょう**。
» 何を求める問題なのか，どのくらいの分量なのかを把握することで**時間配分**に役立ちます。
» また，前半の問題が後半の問題のヒントになっているケース（逆もある）もよくあるので，予め問題の全体像をつかんでおくとヒントに気がつきやすくなります。

③ 塗り逃げを活用する

» 「塗り逃げ」はマーク形式ならではのテクニックです。
» 解答中に悩んでも解法を思いつかない問題に出くわしたときは，**根拠が乏しくてもマークをして次の問題に進む**ようにしましょう。
» マークをすることで，**解答時のマークのズレを防ぐ**ことができます。
» また，マークをしていないと「後で戻って考えなくては」という心理的不安が生じますが，一度マークをすることで，より落ち着いて解き進むことができます。
» ケアレスミスをしないように，塗って次の問題へ進むこの「**塗り逃げ**」のテクニックをぜひ活用してください。

共通テスト数学Ⅰ・A 概要

» 試験時間……70分　» 配点…………100点
» 大問数4問（第1問，第2問は必答問題。第3問～5問から2問選択）

やさしくひもとく共通テスト
数学Ⅰ・A　もくじ

令和3年度 第1日程 (2021年度)

令和3年度 第2日程 (2021年度)

MEMO

令和３年度(2021年度) 大学入学共通テスト

数学Ⅰ・A　第1日程

解答一覧

問題番号(配点)	解答記号	正解	配点
第１問(30)	$(\text{ア}x+\text{イ})(x-\text{ウ})$	$(2x+5)(x-2)$	2
	$\frac{-\text{エ}\pm\sqrt{\text{オカ}}}{\text{キ}}$	$\frac{-5\pm\sqrt{65}}{4}$	2
	$\frac{\text{ク}\pm\sqrt{\text{ケコ}}}{\text{サ}}$	$\frac{5\pm\sqrt{65}}{2}$	2
	シ	6	2
	ス	3	2
	$\frac{\text{セ}}{\text{ソ}}$	$\frac{4}{5}$	2
	タチ	12	2
	ツテ	12	2
	ト	②	1
	ナ	⓪	1
	ニ	①	1
	ヌ	③	3
	ネ	②	2
	ノ	②	2
	ハ	⓪	2
	ヒ	③	2
第２問(30)	ア	②	3
	$\text{イウ}x+\frac{\text{エオ}}{5}$	$-2x+\frac{44}{5}$	3
	カ.キク	2.00	2
	ケ.コサ	2.20	3
	シ.スセ	4.40	2
	ソ	③	2
	タとチ	①と③(解答の順序は問わない)	4(各2)
	ツ	①	2
	テ	④	3
	ト	⑤	3
	ナ	②	3

(注) 第１問，第２問は必答。第３問〜第５問のうちから２問選択。計４問を解答。

問題番号(配点)	解答記号	正解	配点
第３問(20)	$\frac{\text{ア}}{\text{イ}}$	$\frac{3}{8}$	2
	$\frac{\text{ウ}}{\text{エ}}$	$\frac{4}{9}$	3
	$\frac{\text{オカ}}{\text{キク}}$	$\frac{27}{59}$	3
	$\frac{\text{ケコ}}{\text{サシ}}$	$\frac{32}{59}$	2
	ス	③	3
	$\frac{\text{セソタ}}{\text{チツテ}}$	$\frac{216}{715}$	4
	ト	⑧	3
第４問(20)	ア	2	1
	イ	3	1
	ウ，エ	3，5	3
	オ	4	2
	カ	4	2
	キ	8	1
	ク	1	2
	ケ	4	2
	コ	5	1
	サ	③	2
	シ	6	3
第５問(20)	$\frac{\text{ア}}{\text{イ}}$	$\frac{3}{2}$	2
	$\frac{\text{ウ}\sqrt{\text{エ}}}{\text{オ}}$	$\frac{3\sqrt{5}}{2}$	2
	$\text{カ}\sqrt{\text{キ}}$	$2\sqrt{5}$	2
	$\sqrt{\text{ク}}\,r$	$\sqrt{5}\,r$	2
	$\text{ケ}-r$	$5-r$	2
	$\frac{\text{コ}}{\text{サ}}$	$\frac{5}{4}$	2
	シ	1	2
	$\sqrt{\text{ス}}$	$\sqrt{5}$	2
	$\frac{\text{セ}}{\text{ソ}}$	$\frac{5}{2}$	2
	タ	①	2

令和３年度　大学入学共通テスト

第１問〔１〕２次方程式

まずは大問の全体像をつかむ

第１問の〔１〕は２次方程式の問題です。まずは，全体像を見ていきましょう。

〔１〕 c を正の整数とする。x の２次方程式（２次方程式の問題）

$$2x^2 + (4c-3)x + 2c^2 - c - 11 = 0 \quad \cdots\cdots ①$$

について考える。

(1) $c = 1$ のとき，① の左辺を因数分解すると（因数分解を使って解く）

$$\left(\boxed{\text{ア}}\,x + \boxed{\text{イ}}\right)\left(x - \boxed{\text{ウ}}\right)$$

であるから，① の解は

$$x = -\frac{\boxed{\text{イ}}}{\boxed{\text{ア}}},\ \boxed{\text{ウ}}$$

(2) $c = 2$ のとき，①の解は（ルートの入った解の形に注目）

$$x = \frac{-\boxed{\text{エ}} \pm \sqrt{\boxed{\text{オカ}}}}{\boxed{\text{キ}}}$$

(3) 太郎さんと花子さんは，① の解について考察している。

> 太郎：① の解は c の値によって，ともに有理数である場合もあれば，ともに無理数である場合もあるね。c がどのような値のときに，解は有理数になるのかな。
>
> 花子：２次方程式の解の公式の根号の中に着目すればいいんじゃないかな。（根号の中に着目）

(1)では，$c=1$ を代入して，解を求めていますね。(2)では，$c=2$ のときの解を求めていますが，解答欄の形から，解の公式を使うことが予想できます。
(3)では，太郎さんと花子さんの会話が出てきているので，解について考察するのかなと心づもりをして臨んでいきましょう。また，会話文は問題を解く手がかりになることもあります。

解答の形から，解き方や考え方を推測するのは大切なテクニックだよ！

誘導に沿って，問題を解く

難易度 やさしい

(1)　$c=1$のとき，①の左辺を因数分解すると

$$\left(\boxed{\text{ア}}x+\boxed{\text{イ}}\right)\left(x-\boxed{\text{ウ}}\right)$$

であるから，①の解は

$$x=-\frac{\boxed{\text{イ}}}{\boxed{\text{ア}}},\ \boxed{\text{ウ}}$$

である。

MOVIE 01

着眼点

» 誘導に従い，$c=1$を代入する。「因数分解すると」とあるので，たすき掛けを利用し，解を求める。

FOR YOUR INFORMATION

たすき掛け

px^2+qx+rという式を因数分解するとき
$ac=p$
$bd=r$
となるa，b，c，dの組み合わせの中から，
$bc+ad=q$
となる組を見つける方法の1つがたすき掛けである。

$p x^2+q x+r=(ax+b)(cx+d)$となるとき，

$$\begin{array}{ccccc} (ax & + & b) & \longrightarrow & bc \\ & & & & + \\ (cx & + & d) & \longrightarrow & ad \\ \| & & \| & & \| \\ \hline p & & r & & q \end{array}$$

x^2の係数　定数項　xの係数

解き方

①の式に $c=1$ を代入する。

「たすき掛け」を活用して，因数分解しよう。

$$
\begin{aligned}
& 2x^2+x-10 = 0 \\
\Longleftrightarrow\ & (\boxed{2}x+\boxed{5})(x-\boxed{2}) = 0 \\
& \quad\ \text{ア}\quad\ \text{イ}\qquad\ \ \text{ウ} \\
\Longleftrightarrow\ & x=-\frac{5}{2},\ 2
\end{aligned}
$$

「たすき掛け」を活用する

$2\cdot x$		5	→	5
$1\cdot x$		-2	→	-4
2		-10		1

(2) $c=2$のとき，①の解は

$$x=\frac{-\boxed{\text{エ}}\pm\sqrt{\boxed{\text{オカ}}}}{\boxed{\text{キ}}}$$

解のこの形に着目

であり，大きい方の解をαとすると

$$\frac{5}{\alpha}=\frac{\boxed{\text{ク}}+\sqrt{\boxed{\text{ケコ}}}}{\boxed{\text{サ}}}$$

である。また，$m<\dfrac{5}{\alpha}<m+1$を満たす整数mは$\boxed{\text{シ}}$である。

整数を答える問題

MOVIE 02

着眼点

≫ 解の形に着目し，解の公式を使うことを時間をかけずに判断する。

FOR YOUR INFORMATION

2次方程式の解の公式

$ax^2+bx+c=0$ $(a\neq 0)$の解は

$$x=\frac{-b\pm\sqrt{b^2-4ac}}{2a}\quad(\text{ただし，}b^2-4ac\geqq 0)$$

解き方

≫ ①の式に$c=2$を代入する。

$$2x^2+5x-5=0$$

解の公式より，

$$x=\frac{-5\pm\sqrt{5^2-4\cdot 2\cdot(-5)}}{2\cdot 2}$$ ←― 解の公式を思い出そう。

$$=\frac{-\boxed{5}\pm\sqrt{\boxed{65}}}{\boxed{4}}$$ （エ，オカ，キ）

≫ 大きい方の解がαなので ←― プラス記号のほうを採用する

$$\alpha = \frac{-5+\sqrt{65}}{4}$$

有理化しやすい形を工夫する

$$\frac{5}{\alpha} = 5 \times \frac{4}{\sqrt{65}-5} \times \frac{\sqrt{65}+5}{\sqrt{65}+5}$$

有理化

$$= \frac{20(\sqrt{65}+5)}{65-25} = \frac{\boxed{5} \pm \sqrt{\boxed{65}}}{\boxed{2}}$$

（ク：5，ケコ：65，サ：2）

» $m < \frac{5}{\alpha} < m+1$ を満たす m を求める。

$$\underbrace{\sqrt{64}}_{=8} < \sqrt{65} < \underbrace{\sqrt{81}}_{=9}$$

← $\frac{5+\sqrt{65}}{2}$ をいきなり計算できないので，まずは $\sqrt{65}$ の大小関係を考える

$$\iff 8 < \sqrt{65} < 9$$

各辺に 5 を加える

$$\iff 13 < \sqrt{65}+5 < 14$$

両辺を 2 で割る

$$\iff \underbrace{\frac{13}{2}}_{=6.5} < \frac{\sqrt{65}+5}{2} < 7$$

よって，

$m < \frac{5}{\alpha} < m+1$ を満たす整数 m は $\boxed{6}$ である。（シ：6）← $m=6$ のとき $6 < \frac{5}{\alpha} < 7$

(3) 太郎さんと花子さんは，① の解について考察している。

太郎：① の解は c の値によって，ともに有理数である場合もあれば，ともに無理数である場合もあるね。c がどのような値のときに，解は有理数になるのかな。

花子：2次方程式の解の公式の根号の中に着目すればいいんじゃないかな。

① の解が異なる二つの有理数であるような正の整数 c の個数は [ス] 個である。

MOVIE 03

着眼点

≫ 花子さんのセリフの「2次方程式の解の公式の根号の中」という部分から，判別式を思い出せたかがポイントである。解が有理数になるには，判別式の値が平方数であればよい。

平方数：(整数)^2 で表される数

FOR YOUR INFORMATION

2次方程式の解の公式と判別式

$$x=\frac{-b\pm\sqrt{b^2-4ac}}{2a}$$

（b^2-4ac：判別式 D）

解き方

①の式の判別式を考える。

$$D=(4c-3)^2-4\times 2\times(2c^2-c-11)$$
$$=-16c+97$$

$-16c+97>0$ より，c は6以下なので ⟵ $16c<97$ より，$c<6.06\cdots$

c	1	2	3	4	5	6
D	81	65	49	33	17	1
	○	×	○	×	×	○

⟵ D が平方数になっているものを選ぶ

よって，c の個数は 3 個である。
ス

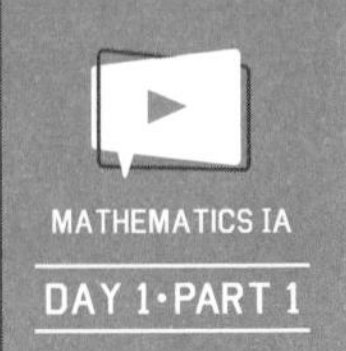

令和３年度 大学入学共通テスト

第1問〔2〕図形と計量

STEP 1 まずは大問の全体像をつかむ

第１問の〔２〕は図形と計量の問題です。この問題では，参考図が与えられているので，図形をイメージしながら解き進めることができます。

〔２〕 右の図のように，△ABC の外側に辺 AB, BC, CA をそれぞれ１辺とする正方形 ADEB, BFGC, CHIA をかき，２点 E と F, G と H, I と D をそれぞれ線分で結んだ図形を考える。以下において

BC = a，CA = b，AB = c

∠CAB = A，∠ABC = B，∠BCA = C

ここの情報を図にかき込む

とする。

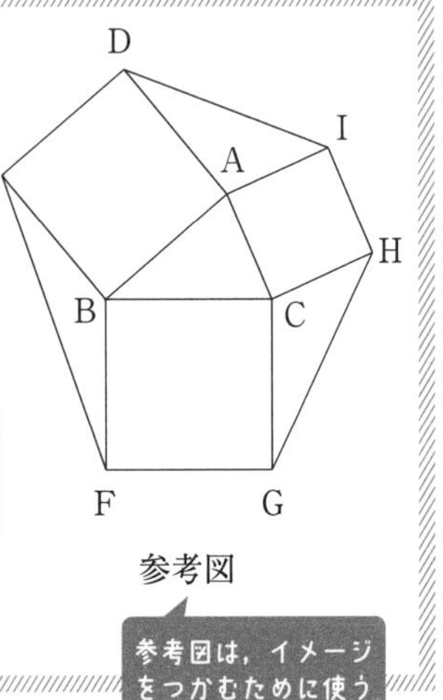

参考図

参考図は，イメージをつかむために使う

与えられた情報は，図にかき込み整理していきましょう。

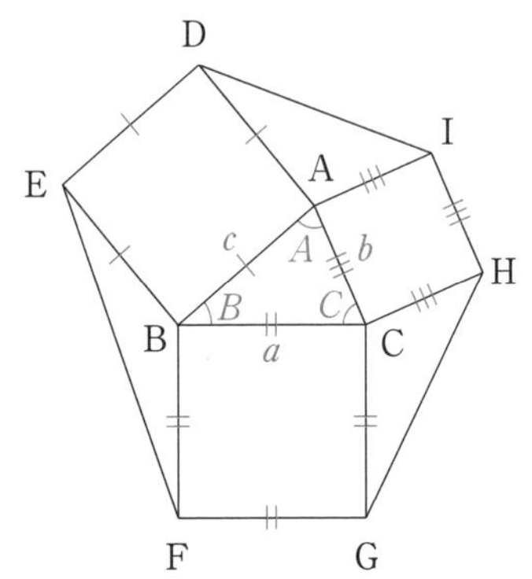

(4) △ABC，△AID，△BEF，△CGH のうち，外接円の半径が最も小さいものを求める。

さっと全体を見ると，(4)では外接円が出てきているので，正弦定理を使うのかなと予想をしながら解いていくといいでしょう。

参考図がない場合は，必ず自分で図をかき，条件を整理しよう。

STEP 2 誘導に沿って，問題を解く

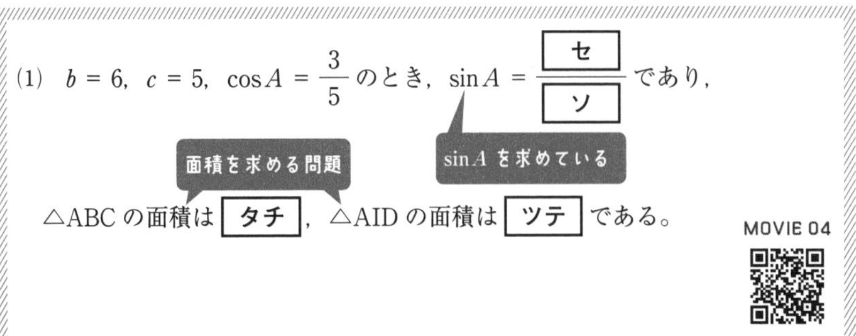

(1) $b=6$, $c=5$, $\cos A=\dfrac{3}{5}$ のとき，$\sin A=\dfrac{\boxed{セ}}{\boxed{ソ}}$ であり，

△ABC の面積は $\boxed{タチ}$，△AID の面積は $\boxed{ツテ}$ である。

着眼点

» $\cos A$ の値が $\dfrac{3}{5}$ と与えられていることに注目し，辺の比が 3：4：5 となる直角三角形を連想すると，短時間での解答が可能である。

sin$A$ の値がわかれば，三角形の面積公式が使えることを思い出そう

FOR YOUR INFORMATION

おぼえておきたいピタゴラス数

ピタゴラス数とは…
三平方の定理が成り立つ 3 つの整数の組み合わせ。

① 3：4：5　② 5：12：13　③ 8：15：17　④ 7：24：25

特によく出る！（①・②）

※赤い数字は斜辺

★三平方の定理
$c^2=a^2+b^2$

» 三角形の面積の公式を活用する。

FOR YOUR INFORMATION

三角形の面積

$$S=\frac{1}{2}bc\sin A=\frac{1}{2}ca\sin B=\frac{1}{2}ab\sin C$$

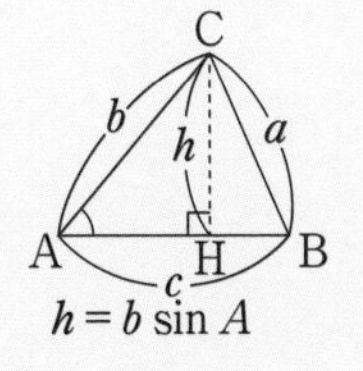

$h=b\sin A$

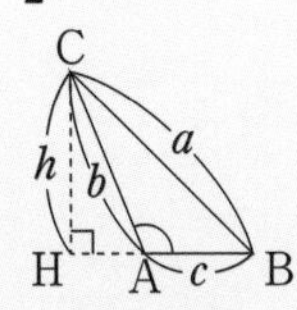

$h=b\sin(180^\circ-A)$
$=b\sin A$

解き方

≫ 三角比の相互関係より，

$$\sin^2 A+\cos^2 A=1 \longleftarrow \text{三角比の相互関係}$$

$$\Longleftrightarrow \quad \sin^2 A=1-\cos^2 A$$

$$=1-\left(\frac{3}{5}\right)^2=\frac{16}{25}$$

$0^\circ \leqq A \leqq 180^\circ$ だから，

$$\sin A=\frac{\boxed{4}}{\boxed{5}}\ \text{セ／ソ}$$

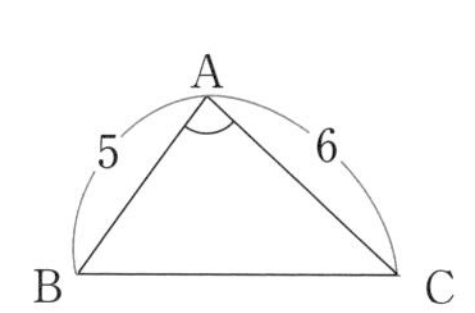

△ABC の面積を考える。

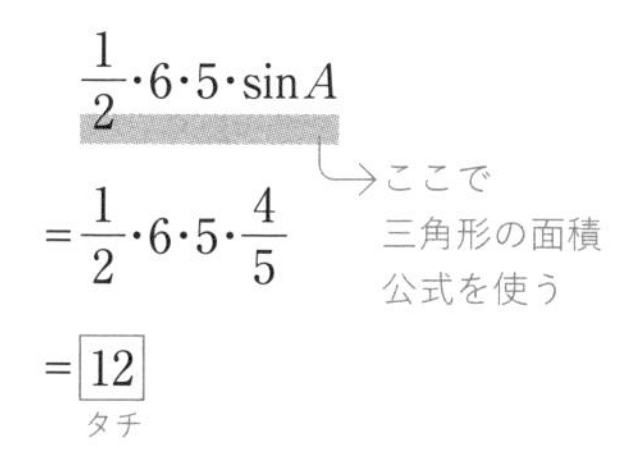

$$\frac{1}{2}\cdot 6\cdot 5\cdot \sin A$$

→ここで三角形の面積公式を使う

$$=\frac{1}{2}\cdot 6\cdot 5\cdot \frac{4}{5}$$

$$=\boxed{12}$$ タチ

1つの図にかき加えるんじゃなくて，そのつど必要な図をどんどんかこう

≫ △AID の面積を考える。

$$\sin(180^\circ - A)=\sin A$$

→$180^\circ-\theta$ の三角比の関係式より

AI＝6，AD＝5 より，

$$\triangle \mathrm{AID}=\frac{1}{2}\cdot 5\cdot 6\cdot \sin A$$

$$=\boxed{12}$$ ツテ

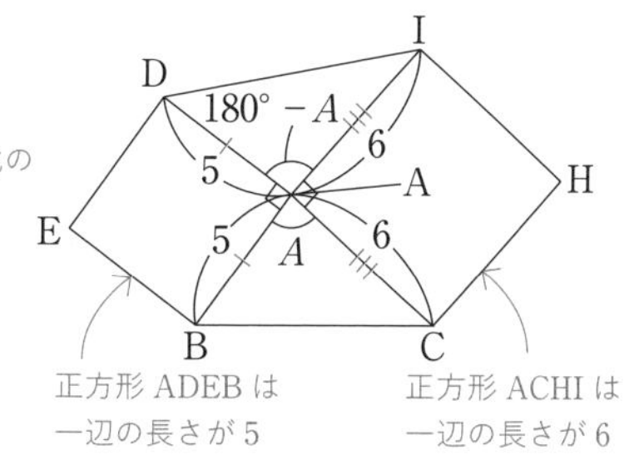

$\sin(180^\circ - \theta)$

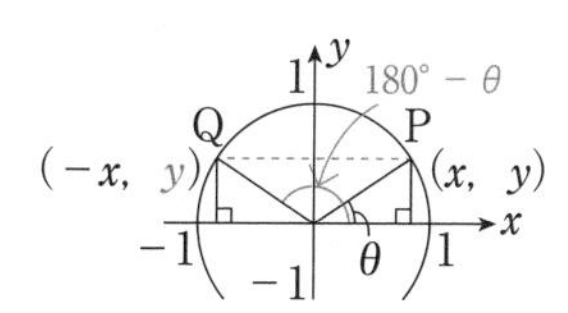

$\sin(180^\circ-\theta)$＝(点 Q の y 座標)＝(点 P の y 座標)$=\sin\theta$

(2) 正方形BFGC，CHIA，ADEBの面積をそれぞれS_1，S_2，S_3とする。このとき，$S_1 - S_2 - S_3$は

S_1，S_2，S_3をどうおきかえられるか考えよう

・$0° < A < 90°$のとき，[ト]。

・$A = 90°$のとき，[ナ]。

・$90° < A < 180°$のとき，[ニ]。

[ト]～[ニ]の解答群(同じものを繰り返し選んでもよい。)

⓪ 0である
① 正の値である
② 負の値である
③ 正の値も負の値もとる

MOVIE 05

着眼点

» S_1，S_2，S_3はそれぞれ，正方形の面積なので，$S_1-S_2-S_3$は$a^2-b^2-c^2$である。
三角形の辺と角の関係を利用して，大小関係を求める。

もう一度三平方の定理を思い出そう

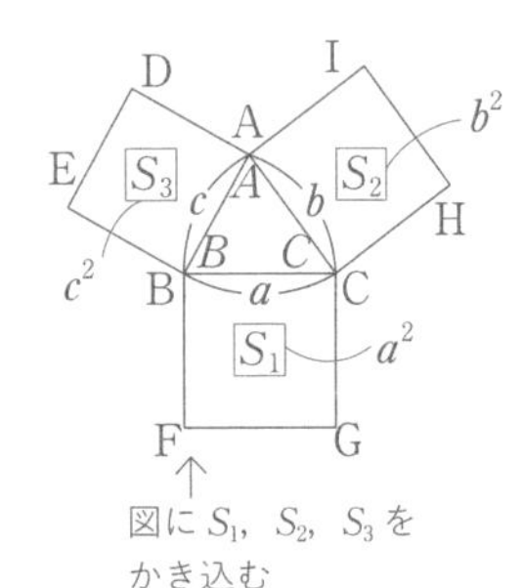

$0° < A < 90°$	$A = 90°$	$90° < A < 180°$
鋭角三角形	直角三角形	鈍角三角形
$a^2 < b^2 + c^2$	$a^2 = b^2 + c^2$	$a^2 > b^2 + c^2$

≫ また，余弦定理を用いてもよい。

FOR YOUR INFORMATION

余弦定理

$$\boldsymbol{a^2 = b^2 + c^2 - 2bc\cos A}$$
$$\boldsymbol{b^2 = c^2 + a^2 - 2ca\cos B}$$
$$\boldsymbol{c^2 = a^2 + b^2 - 2ab\cos C}$$

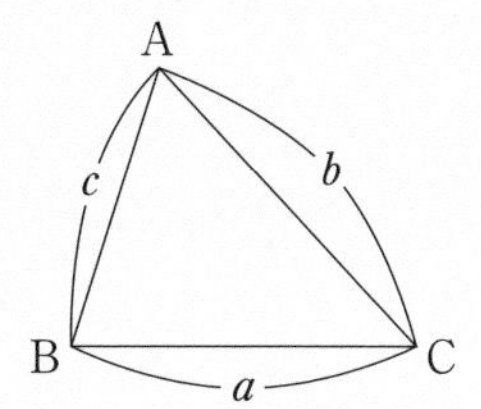

解き方

≫ $0° < A < 90°$ より，

$a^2 < b^2 + c^2$ なので

$$S_1 < S_2 + S_3$$

ゆえに，$S_1 - S_2 - S_3 < 0$

②（ト）があてはまる。

≫ $A = 90°$ より，

$a^2 = b^2 + c^2$ なので

$$S_1 = S_2 + S_3$$

ゆえに，$S_1 - S_2 - S_3 = 0$

⓪（ナ）があてはまる。

≫ $90° < A < 180°$ より，

$a^2 > b^2 + c^2$ なので

$$S_1 > S_2 + S_3$$

ゆえに，$S_1 - S_2 - S_3 > 0$

[①]があてはまる。
ニ

トナニ
別解

△ABC について，余弦定理より

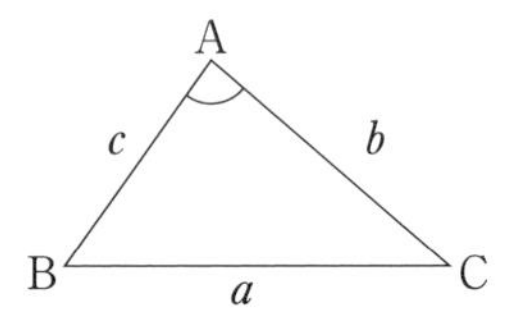

$$a^2 = b^2 + c^2 - 2bc\cos A$$

$$\iff \quad a^2 - b^2 - c^2 = -2bc\cos A$$

$0^\circ < A < 90^\circ$ のとき，

$\cos A > 0$ なので，

$$-2bc\cos A < 0$$

よって，

$$a^2 - b^2 - c^2 < 0$$

ゆえに，$S_1 - S_2 - S_3 < 0$

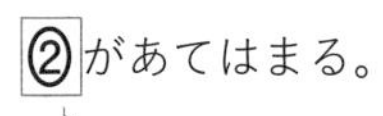

[②]があてはまる。
ト

$A = 90^\circ$ のとき，

$\cos A = 0$ なので

$$-2bc\cos A = 0$$

よって，

$$a^2 - b^2 - c^2 = 0$$

ゆえに，$S_1 - S_2 - S_3 = 0$

[⓪]があてはまる。
ナ

$90^\circ < A < 180^\circ$ のとき，

$\cos A < 0$ なので

$$-2bc\cos A > 0$$

$$a^2 - b^2 - c^2 > 0$$

ゆえに，$S_1 - S_2 - S_3 > 0$

[①]があてはまる。
ニ

(3) △AID，△BEF，△CGH の面積をそれぞれ T_1，T_2，T_3 とする。このとき，[ヌ] である。

△AID の面積は(1)で求めてある

[ヌ] の解答群

⓪ $a < b < c$ ならば，$T_1 > T_2 > T_3$
① $a < b < c$ ならば，$T_1 < T_2 < T_3$
② A が鈍角ならば，$T_1 < T_2$ かつ $T_1 < T_3$
③ a，b，c の値に関係なく，$T_1 = T_2 = T_3$

MOVIE 06

着眼点

» (1)で考えたように，△ABC と△AID の面積は等しい。同様に，△BEF，△CGH の面積も△ABC と等しいと気がつけたかがポイントである。

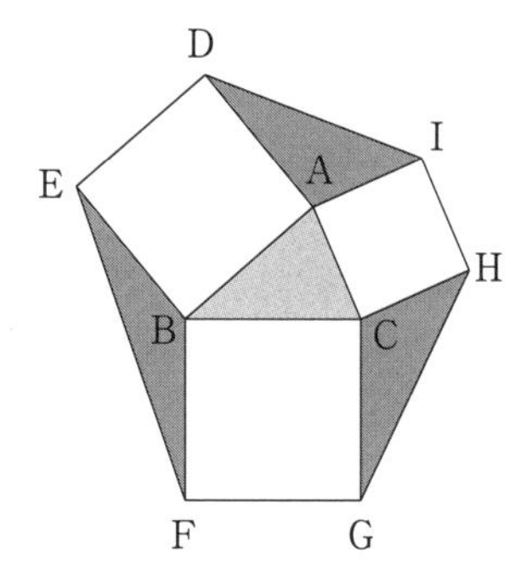

解き方

(1)と同様に，

△ABC の面積は，△BEF，△CGH と等しい。

よって，a，b，c の値に関係なく，$T_1 = T_2 = T_3$ が成り立つ。

ゆえに，③ (ヌ) があてはまる。

(4) △ABC，△AID，△BEF，△CGH のうち，外接円の半径が最も小さいものを求める。

正弦定理を活用する

$0° < A < 90°$ のとき，ID [ネ] BC であり

ID と BC の比較は，誘導になっている

(△AID の外接円の半径) [ノ] (△ABC の外接円の半径)

であるから，外接円の半径が最も小さい三角形は

・$0° < A < B < C < 90°$ のとき，[ハ] である。

・$0° < A < B < 90° < C$ のとき，[ヒ] である。

[ネ]，[ノ] の解答群(同じものを繰り返し選んでもよい。)

⓪ <	① ＝	② >

[ハ]，[ヒ] の解答群(同じものを繰り返し選んでもよい。)

⓪ △ABC	① △AID	② △BEF	③ △CGH

MOVIE 07

着眼点

»「外接円の半径」に着目し，正弦定理の活用を考える。

FOR YOUR INFORMATION

正弦定理

$\dfrac{a}{\sin A}=\dfrac{b}{\sin B}=\dfrac{c}{\sin C}=2R$ （R は△ABC の外接円の半径）

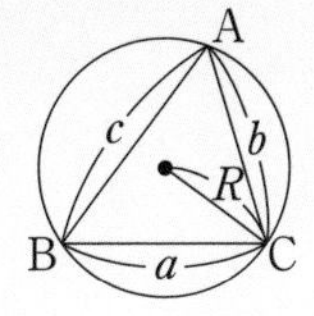

解き方

» 0° < A < 90° のとき，

∠DAI > 90° なので，

ID > BC である。

よって，②があてはまる。（ネ）

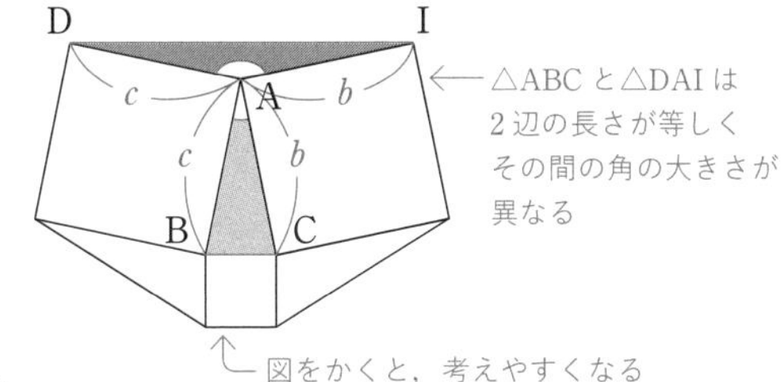

△AID の外接円の半径を R_1，

△ABC の外接円の半径を R とすると

正弦定理より，

$$2R=\frac{\mathrm{BC}}{\sin A},\quad 2R_1=\frac{\mathrm{ID}}{\sin(180^\circ-A)}=\frac{\mathrm{ID}}{\sin A}$$

ID > BC より，

$$2R_1>2R$$

ゆえに，$R_1>R$

よって，②があてはまる。（ノ）

» 0° < A < B < C < 90° のとき，

ネ，ノ のように，鈍角三角形の外接円のほうが半径が大きくなる。

よって，0° < A < B < C < 90° のとき，

△AID，△BEF，△CGH が鈍角三角形になるので，△ABC の外接円の半径が最も小さくなる。

次ページの図参照

よって，⓪があてはまる。（ハ）

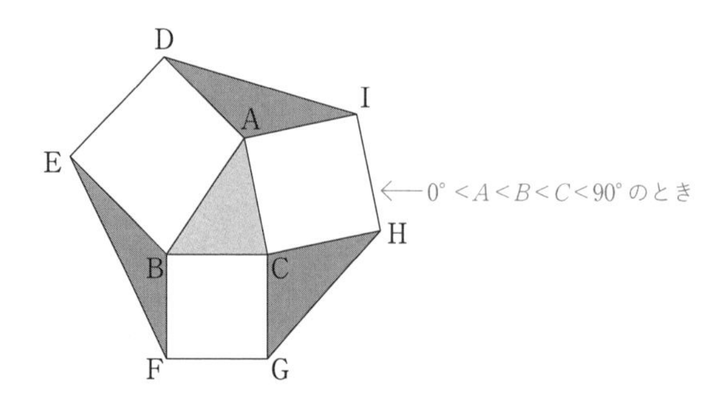

» $0° < A < B < 90° < C$ のとき，
└→次図参照

△AID と△BEF の外接円の半径のほうが△ABC の外接円の半径よりも大きい。

一方で，△CGH の外接円の半径のほうが△ABC の外接円の半径よりも小さい。

よって，△CGH の外接円の半径が最も小さいので ③ があてはまる。
ヒ

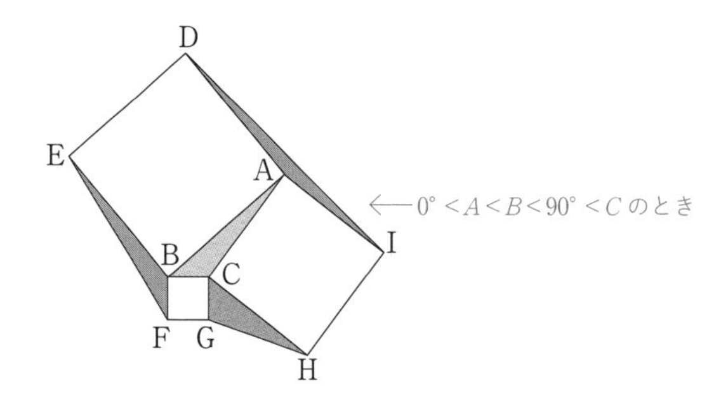

令和３年度 大学入学共通テスト

第2問〔1〕2次関数

STEP 1 リード文の情報を整理する

第２問の〔１〕は２次関数の問題です。本問は，陸上の短距離走について考える問題で，「ストライド」や「ピッチ」のように見慣れない用語がでています。問題の設定を素早く理解し，情報を整理できるかがポイントです。
ここでは，「単位」に着目すると，素早く情報を整理することができます。

$$\text{ストライド(m/歩)} = \frac{100\,(\text{m})}{100\,\text{m を走るのにかかった歩数(歩)}}$$

1歩あたり何m進むか

$$\text{ピッチ(歩/秒)} = \frac{100\,\text{m を走るのにかかった歩数(歩)}}{\text{タイム(秒)}}$$

1秒あたり何歩進むか

ストライドの単位は，(m/歩)なので，「1歩あたり何m進むか」ということです。また，ピッチの単位は，(歩/秒)なので，「1秒あたり何歩進むか」ということです。このように，単位に着目して，用語の定義を正確かつ素早くつかむと時間を短縮することができます。

例えば，タイムが10.81で，そのときの歩数が48.5であったとき，ストライドは $\frac{100}{48.5}$ より約2.06，ピッチは $\frac{48.5}{10.81}$ より約4.49である。

単位に着目できなかったとしても，リード文に具体例が記されているので，必ず正確に情報を整理しましょう。一方で，具体例は必ずしも読まなければならない箇所ではないので，時間に余裕がない場合はさっと目を通す程度にしましょう。

誘導に沿って，問題を解く

難易度 やさしい

(1) ストライドを x（m/歩），ピッチを z（歩/秒）とおく。ピッチは1秒あたりの歩数，ストライドは1歩あたりの進む距離なので，1秒あたりの進む距離すなわち平均速度は，x と z を用いて [ア] (m/秒)と表される。（単位に注目）

これより，タイムと，ストライド，ピッチとの関係は

$$タイム = \frac{100}{\boxed{ア}} \quad \cdots\cdots ①$$

と表されるので，[ア] が最大になるときにタイムが最もよくなる。ただし，タイムがよくなるとは，タイムの値が小さくなることである。（(2)への誘導）

[ア] の解答群

⓪ $x+z$	① $z-x$	② xz
③ $\frac{x+z}{2}$	④ $\frac{z-x}{2}$	⑤ $\frac{xz}{2}$

MOVIE 08

着眼点

» 単位に着目する。平均速度の単位は(m/秒)である。ストライド(m/歩)とピッチ(歩/秒)の単位に着目し，どのような関係式を考えると平均速度(m/秒)が求められるかを考える。

解き方

単位に着目する。

x(m/歩)と z(歩/秒)をかけると，

$$\frac{\text{m}}{\text{歩}} \times \frac{\text{歩}}{\text{秒}} = \frac{\text{m}}{\text{秒}}$$

(x = m/歩，z = 歩/秒，平均速度 = m/秒)

平均速度(m/秒)が求められる。

よって，[ア] ② があてはまる。

(2) 男子短距離100 m走の選手である太郎さんは，①に着目して，タイムが最もよくなるストライドとピッチを考えることにした。

次の表は，太郎さんが練習で100 mを3回走ったときのストライドとピッチのデータである。

	1回目	2回目	3回目
ストライド	2.05	2.10	2.15
ピッチ	4.70	4.60	4.50

具体的な数値が表の形で与えられている

また，ストライドとピッチにはそれぞれ限界がある。太郎さんの場合，ストライドの最大値は2.40，ピッチの最大値は4.80である。

太郎さんは，上の表から，ストライドが0.05大きくなるとピッチが0.1小さくなるという関係があると考えて，ピッチがストライドの1次関数として表されると仮定した。このとき，ピッチzはストライドxを用いて

$y=ax+b$ という式を考える問題

$$z = \boxed{\text{イウ}}\,x + \frac{\boxed{\text{エオ}}}{5} \quad \cdots\cdots\cdots ②$$

MOVIE 09

着眼点

» ストライドが 0.05 大きくなると，ピッチが 0.1 小さくなるという関係がある。
これは，「変化の割合」を表しており，ここからグラフの傾きを求められる。

FOR YOUR INFORMATION

変化の割合

y が x の関数であるとき

$$\text{変化の割合}=\frac{y\text{の増加量}}{x\text{の増加量}}$$

ストライドは歩幅，ピッチは足の回転数みたいなものだね。
歩幅が大きくなればなるほど回転数はやや落ちていくよね。
数字だけ見るんじゃなくて，現象をイメージすることも大事だよ。

解き方

ストライドの最大値は 2.40，ピッチの最大値は 4.80 なので

$x \leqq 2.40,\ z \leqq 4.80$

ストライドが 0.05 大きくなると，ピッチが 0.1 小さくなるので

$$z=\frac{-0.1}{0.05}x+k\ (k\text{ は定数})$$

→ k 以外の記号でもよい。

$$=-2x+k$$

表より，$x=2.10$，$z=4.60$ を代入し，← 他の値の組でもよい。

$$4.60=-4.20+k$$

$$\iff\quad k=8.80=\frac{44}{5}$$

→ $\frac{88}{10}$

よって，$z=\boxed{-2}x+\frac{\boxed{44}}{5}$

（-2：イウ，44／5：エオ）

②が太郎さんのストライドの最大値2.40とピッチの最大値4.80まで成り立つと仮定すると，xの値の範囲は次のようになる。

1次関数の範囲の問題

[カ].[キク] $\leqq x \leqq 2.40$

着眼点

» 1次関数の範囲を求める問題。ストライドの最大値2.40，ピッチの最大値4.80のグラフをかき，条件を整理する。

解き方

$z=-2x+\frac{44}{5}$ のグラフをかく。

→傾き →z切片$=8.80$

グラフより，$z=4.80$のとき，

xの値は最小となるので，

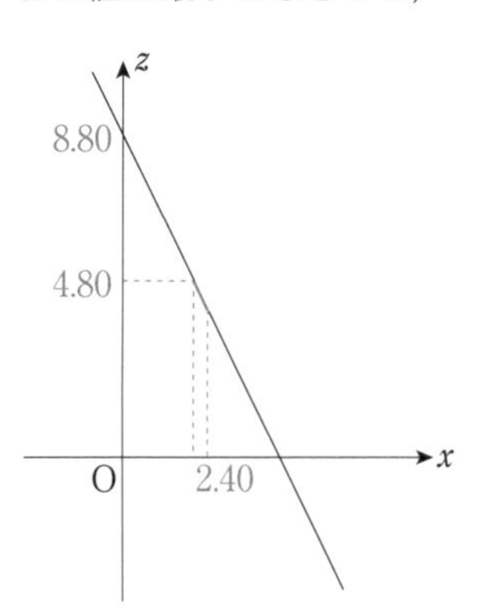

②の式に代入すると，

$$4.80=-2x+\frac{44}{5}$$

ゆえに

$$x=2.00$$

よって，

[2].[00] $\leqq x \leqq 2.40$
カ キク

正確じゃなくてもよいので，グラフをかいて条件を整理する習慣をつけよう。

(1)で，xz と求めた

(2)で z を x の関数で表した

$y =$ ア とおく。② を $y =$ ア に代入することにより，y を x の関数として表すことができる。太郎さんのタイムが最もよくなるストライドとピッチを求めるためには，カ．キク $\leqq x \leqq 2.40$ の範囲で y の値を最大にする x の値を見つければよい。このとき，y の値が最大になるのは $x =$ ケ．コサ のときである。

よって，太郎さんのタイムが最もよくなるのは，ストライドが ケ．コサ のときであり，このとき，ピッチは シ．スセ である。また，このときの太郎さんのタイムは，① により ソ である。

ソ については，最も適当なものを，次の⓪～⑤のうちから一つ選べ。

これらの数値との大小関係を見ればよい

⓪ 9.68	① 9.97	② 10.09
③ 10.33	④ 10.42	⑤ 10.55

着眼点

≫ $y=xz$ とおくと，タイムは $\frac{100}{y}$ と表される。「タイムが最もよくなる」ということは，$\frac{100}{y}$ の値が最も小さくなるということなので，y が最大になるときを考える。

解き方

②の式より，$z=-2x+\frac{44}{5}$ なので

$$y=x\left(-2x+\frac{44}{5}\right)$$

$$=-2x^2+\frac{44}{5}x$$

平方完成するため，-2 でくくる

$$=\underline{-2}\left(x-\frac{11}{5}\right)^2+\frac{242}{25}$$

2 次関数で上に凸のグラフ，軸は $x=\frac{11}{5}$ になる

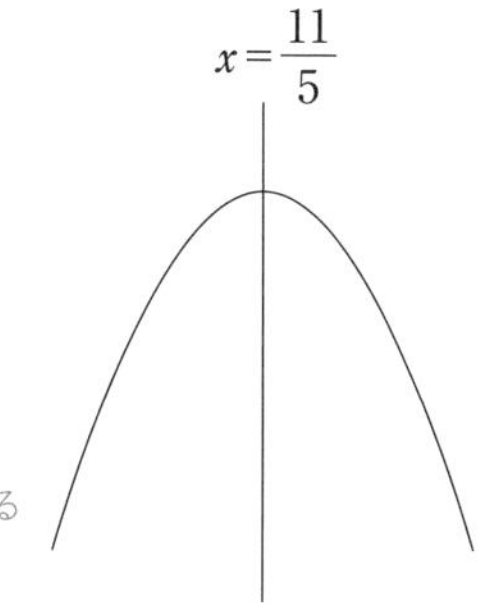

よって，$x=\frac{11}{5}=\boxed{2}.\boxed{20}$ のときに，y は最大となる。

ケ　コサ　$2.00 \leqq x \leqq 2.40$ の範囲内で確認する

このとき②から，

$$z=-2\times\frac{11}{5}+\frac{44}{5}$$

$$=\frac{22}{5}=\boxed{4}.\boxed{40}$$

シ　スセ

ゆえに，タイムは

$$\frac{100}{y}=\frac{100}{xz}=\frac{100}{\frac{11}{5}\times\frac{22}{5}}=10.33\cdots\cdots$$

よって，$\boxed{③}$ があてはまる。

ソ

マーク式試験ならではの正答の求め方

y の値を最後まで計算しなくても，選択肢から正解を見つけ出すことができる場合もある。

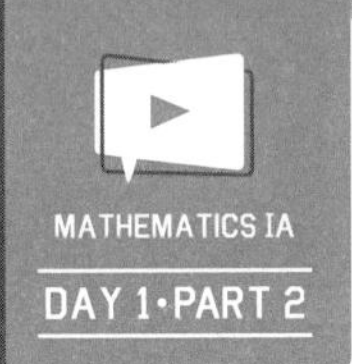

令和3年度 大学入学共通テスト

第2問〔2〕データの分析

まずは大問の全体像をつかむ

第2問の〔2〕はデータの分析の問題です。リード文を読むだけでなく，具体例をつかむために，設問を見ていきましょう。(1)は箱ひげ図，(2)はヒストグラム，(3)は散布図と相関関係の問題であることが図からわかります。

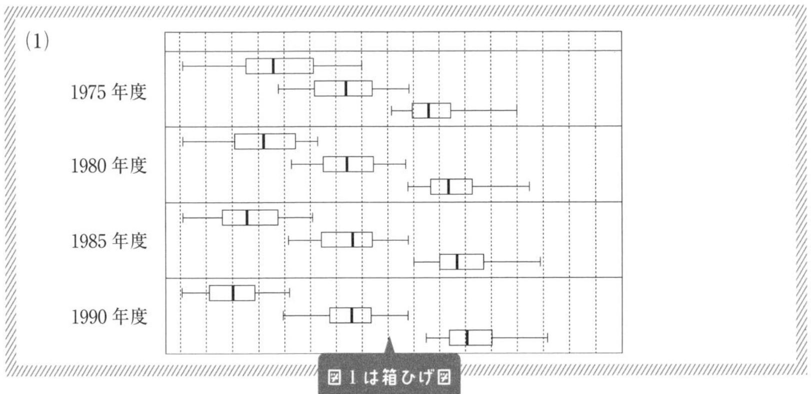

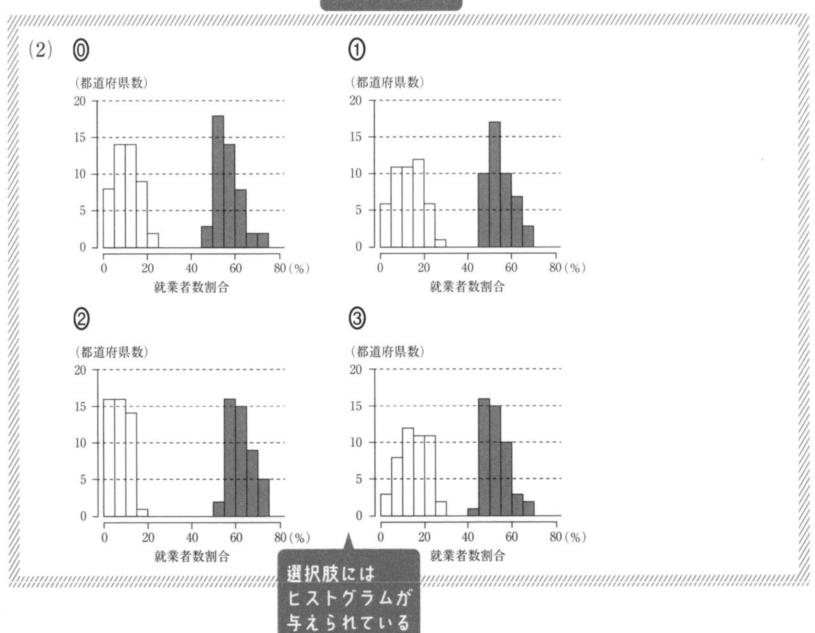

(3)

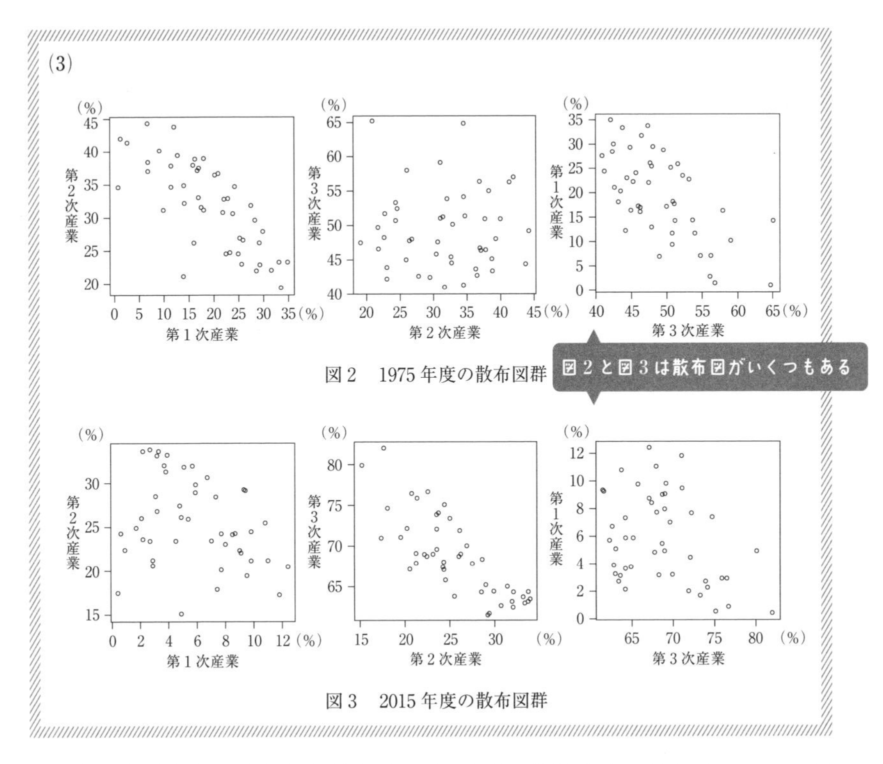

図2　1975年度の散布図群

図3　2015年度の散布図群

しっかりと読み込む必要はありませんが，全体の問題数と内容にさっと目を通し，心づもりをしておくとよいでしょう。

箱ひげ図をみると，第1次産業がどんどん減っていって，第3次産業がちょっとずつ増えているね。社会で習った人もいるように，農業とか林業とか漁業に携わる人は減少し，サービス業などが増加してきているんだね。

難易度 やさしい

次の⓪～⑤のうち，図1から読み取れることとして正しくないものは タ と チ である。

図1を読み取って
正しくないものを選ぶ問題

タ，チ の解答群(解答の順序は問わない。)

⓪ 第1次産業の就業者数割合の四分位範囲は，2000年度までは，後の時点になるにしたがって減少している。

① 第1次産業の就業者数割合について，左側のひげの長さと右側のひげの長さを比較すると，どの時点においても左側の方が長い。

② 第2次産業の就業者数割合の中央値は，1990年度以降，後の時点になるにしたがって減少している。

③ 第2次産業の就業者数割合の第1四分位数は，後の時点になるにしたがって減少している。

④ 第3次産業の就業者数割合の第3四分位数は，後の時点になるにしたがって増加している。

⑤ 第3次産業の就業者数割合の最小値は，後の時点になるにしたがって増加している。

MOVIE 10

着眼点

» 箱ひげ図の読み取りに関する問題。箱ひげ図の各名称やその意味を正しく理解しているかが重要である。

FOR YOUR INFORMATION

箱ひげ図

箱ひげ図とは，5つの数値，最小値，第1四分位数，中央値(第2四分位数)，第3四分位数，最大値を箱(長方形)とひげ(線)を用いて表したものである。

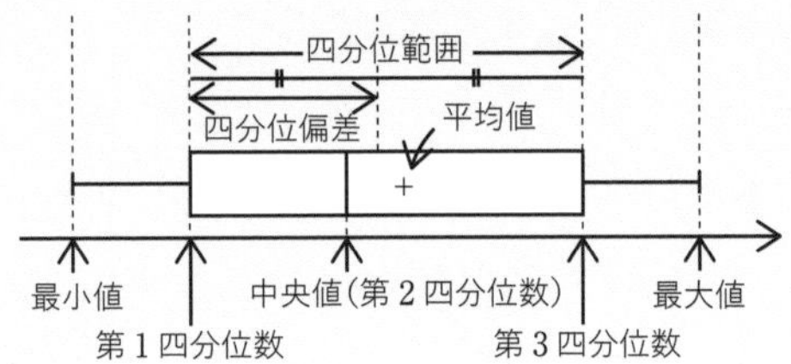

解き方

≫ 選択肢を順番に検討する。

⓪

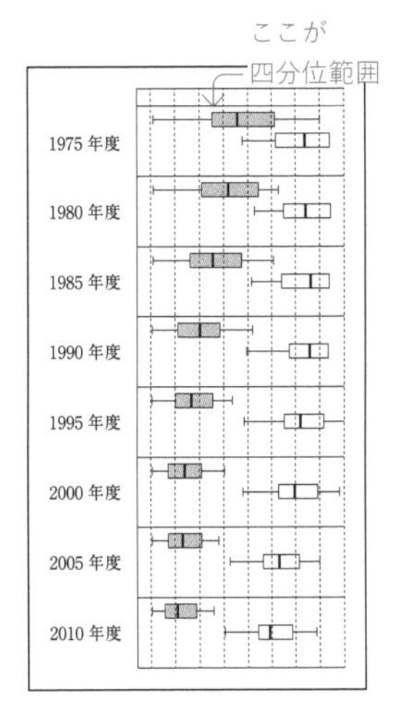

図1を見ると，1975年度から2000年度まで，下にいくほど第1次産業の四分位範囲の幅が狭くなっている。

狭くなる＝減少する

よって，正しい。

①

第 1 次産業の左右のひげの長さを比較すると，1975 年度や 1980 年度は左が長いが，1985 年度以降は判別がつきにくく，2000 年度は明らかに右が長い。よって誤り。

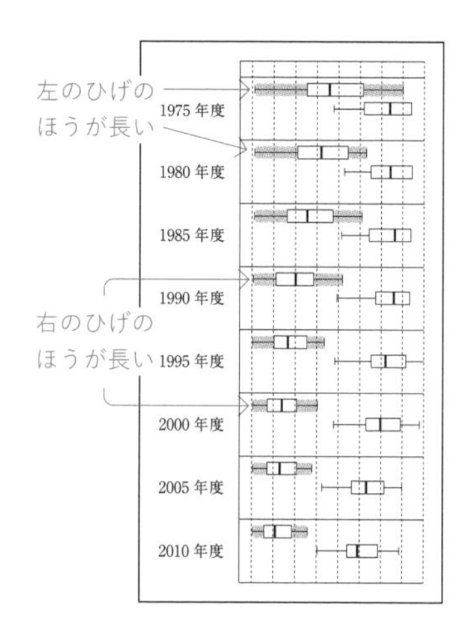

②

1990 年度以降の第 2 次産業の中央値は，下にいくほど左に移動しているので，減少している。よって，正しい。

左に移動している＝減少している

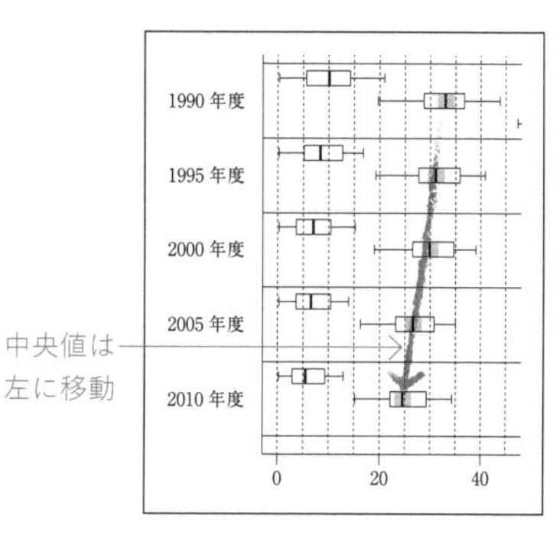

③

第 2 次産業の第 1 四分位数は，常に左に移動しているわけではなく，ジグザグと左右に移動している。よって，誤り。

増加とも減少ともいえない

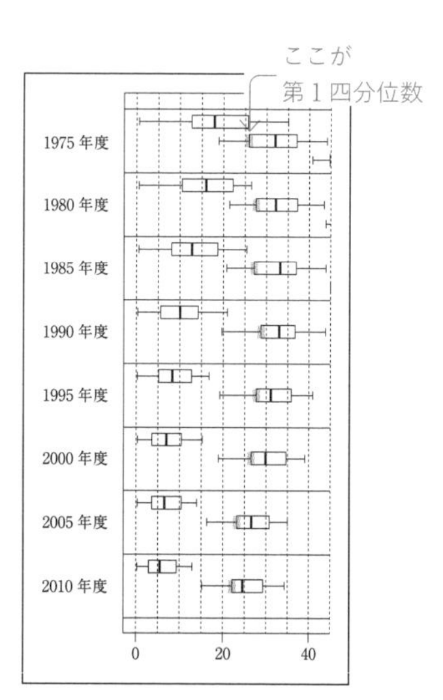

④

第３次産業の第３四分位数は，

下にいくほど右に移動している。

よって，正しい。　右に移動＝増加している

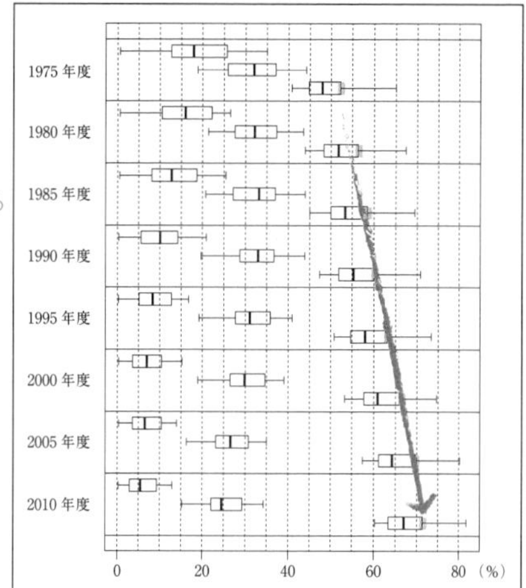

⑤

第３次産業の最小値は，

下にいくほど右に移動している。

よって，正しい。　右に移動＝増加している

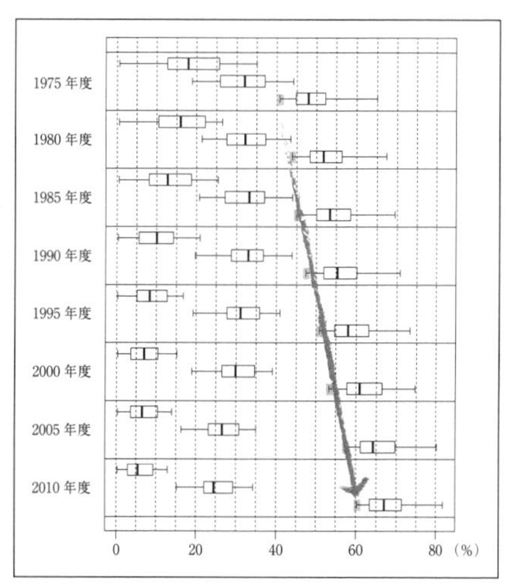

よって，正しくないものは，①（タ）と③（チ）である。

(2) (1)で取り上げた8時点の中から5時点を取り出して考える。各時点における都道府県別の，第1次産業と第3次産業の就業者数割合のヒストグラムを一つのグラフにまとめてかいたものが，次ページの五つのグラフである。それぞれの右側の網掛けしたヒストグラムが第3次産業のものである。なお，ヒストグラムの各階級の区間は，左側の数値を含み，右側の数値を含まない。

ヒストグラムの読み取り

・1985年度におけるグラフは ツ である。

1985年度と1995年度のグラフをみつける

・1995年度におけるグラフは テ である。

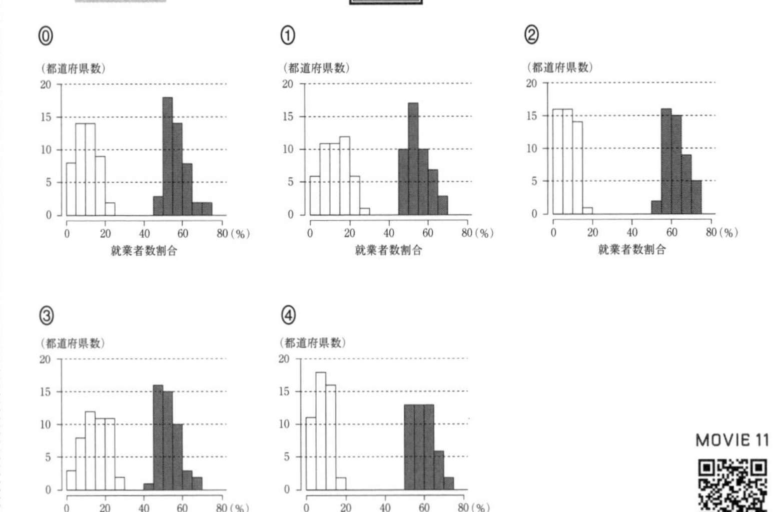

MOVIE 11

着眼点

» 箱ひげ図で表されたデータをヒストグラムで表す問題。各年度の箱ひげ図の特徴を押さえて読み取り，素早く選択肢を絞ることが大切である。

FOR YOUR INFORMATION

ヒストグラム

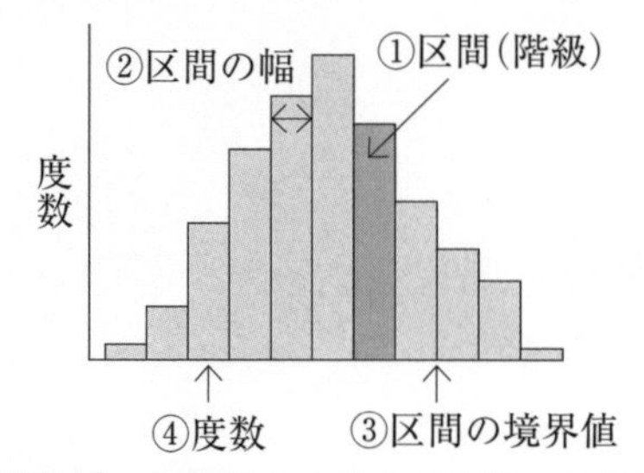

① 区間(階級)…測定データをある大きさで区切ったデータ範囲。
② 区間の幅…一つの区間の幅。
③ 区間の境界値…区間と区間の境目の値
④ 度数…各区間に入る測定データの個数

解き方

》第 1 次産業の箱ひげ図を見ると，年度が進むにつれて最大値が小さくなっている。

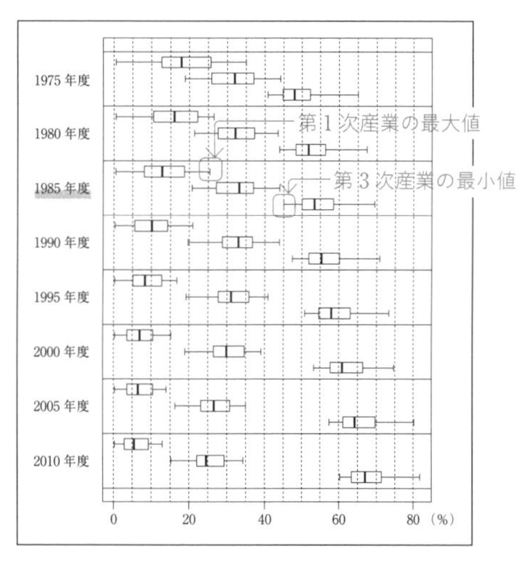

1985 年度の箱ひげ図の右側は 25 を超えているので，最大値が 25 を超えているヒストグラムを探すと，①と③に絞られる。

続いて，1985 年度の第 3 次産業の箱ひげ図を見ると，最小値がちょうど 45 である。

よって，1985 年度のヒストグラムは，① ツ である。

≫ 続いて，1995年度の箱ひげ図を見ると，第1次産業は最大値が15～20の間なので，ヒストグラムは，②か④である。

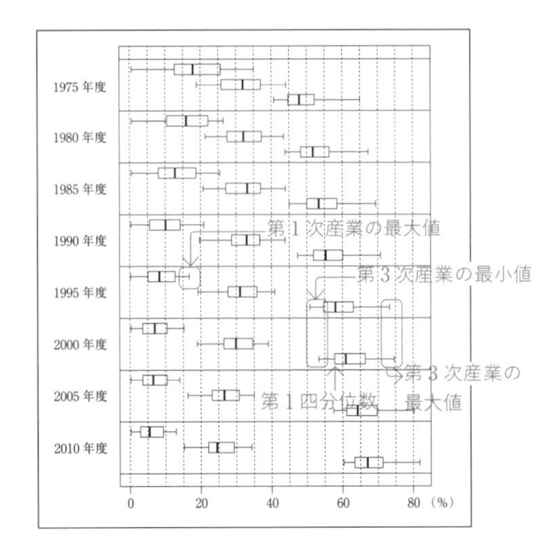

②と④は，最大値が15～20の間にあるので，1995年度と2000年度のいずれかであると推測できる。

続いて，第3次産業を検討すると，1995年度と2000年度では，最小値も最大値も同じ範囲に入っているので，判別は難しい。

そこで，②と④のヒストグラムを比較すると，

②の中央値は60～65

④の中央値は55～60　である。

1995年度の第3次産業の中央値は箱ひげ図より55～60にあるとわかる。

よって，1995年度のヒストグラムは，④である。
テ

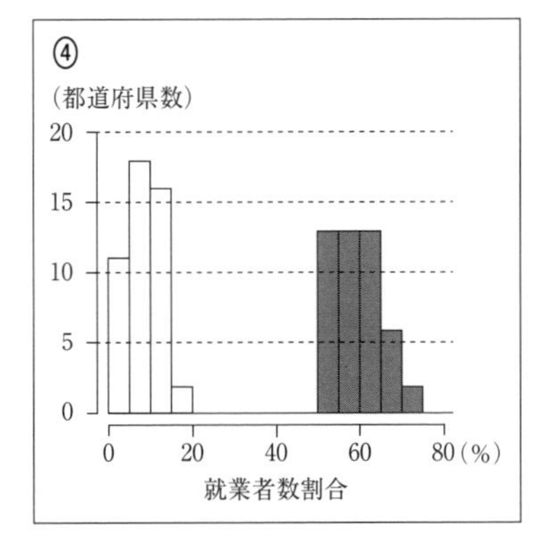

(3) 三つの産業から二つずつを組み合わせて都道府県別の就業者数割合の散布図を作成した。図2の散布図群は，左から順に1975年度における第1次産業(横軸)と第2次産業(縦軸)の散布図，第2次産業(横軸)と第3次産業(縦軸)の散布図，および第3次産業(横軸)と第1次産業(縦軸)の散布図である。また，図3は同様に作成した2015年度の散布図群である。

散布図の見方を問う問題

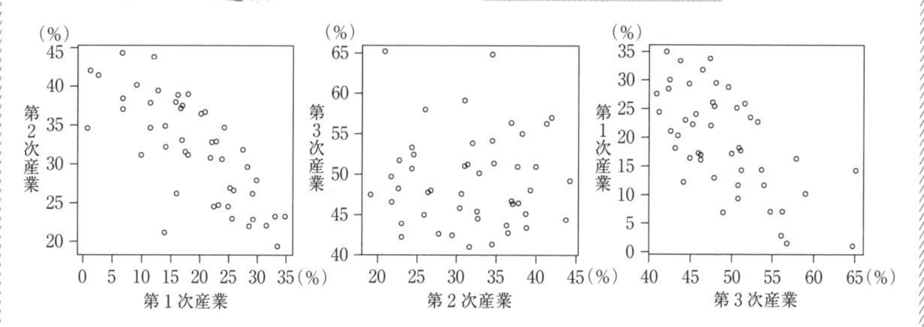

図2 1975年度の散布図群

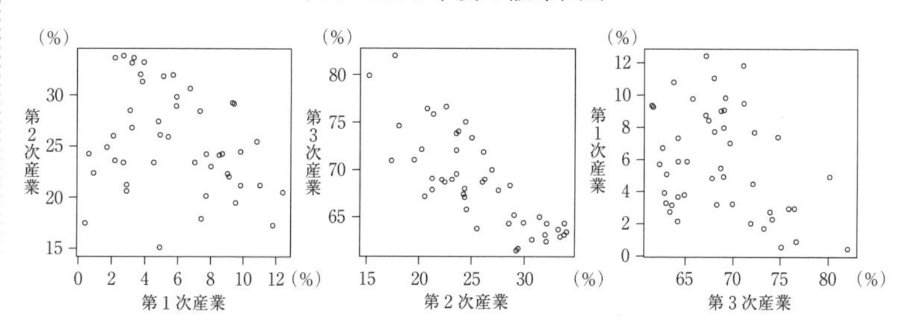

図3 2015年度の散布図群

(出典：図2，図3はともに総務省のWebページにより作成)

下の(I)，(II)，(III)は，1975年度を基準としたときの，2015年度の変化を記述したものである。ただし，ここで「相関が強くなった」とは，相関係数の絶対値が大きくなったことを意味する。

相関の強弱を見つける

(I) 都道府県別の第1次産業の就業者数割合と第2次産業の就業者数割合の間の相関は強くなった。

(II) 都道府県別の第2次産業の就業者数割合と第3次産業の就業者数割合の間の相関は強くなった。

(Ⅲ) 都道府県別の第3次産業の就業者数割合と第1次産業の就業者数割合の間の相関は強くなった。

正誤の組合せ問題

(Ⅰ), (Ⅱ), (Ⅲ)の正誤の組合せとして正しいものは **ト** である。

MOVIE 12

着眼点

» 変量が「第1次産業」,「第2次産業」,「第3次産業」のいずれであるかを確認し，散布図から相関関係の強弱を読み取る。

FOR YOUR INFORMATION

散布図と相関係数

相関係数 r は $-1 \leqq r \leqq 1$ を満たす定数で，正の相関が強いほど r の値は1に近づく。また，負の相関が強いほど r の値は -1 に近づく。

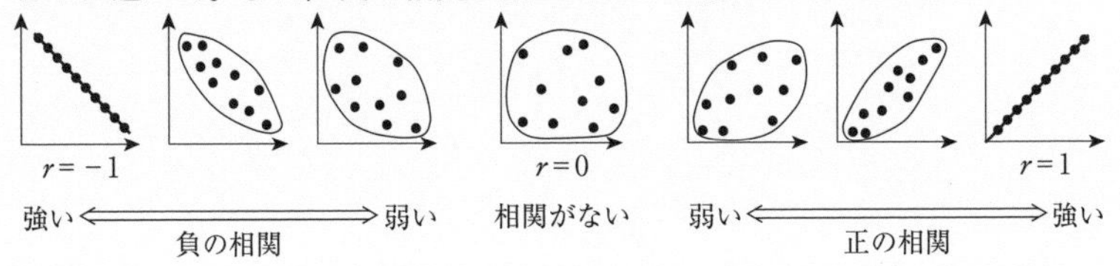

解き方

» (Ⅰ)では，「第1次産業」と「第2次産業」を比較しており，2015年度には，「相関が強くなった」とある。散布図を比較すると，

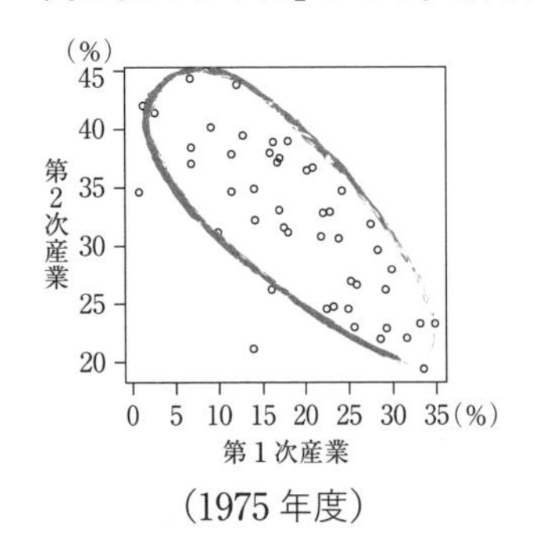

(1975年度)

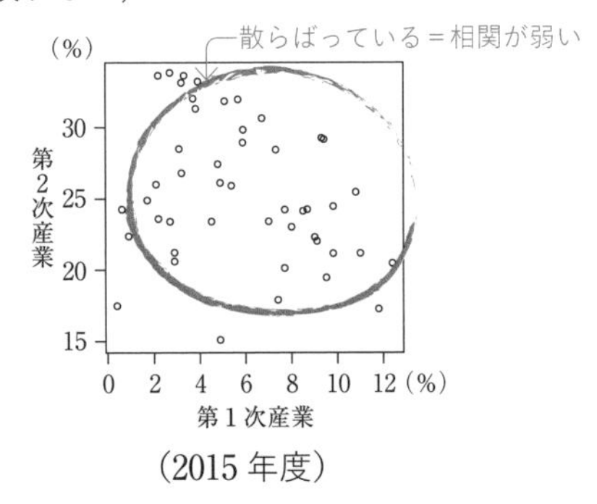

(2015年度)

明らかに，2015 年度では，相関が弱くなっている。よって，誤り。

≫ (II)では，「第 2 次産業」と「第 3 次産業」を比較しており，2015 年度には，「相関が強くなった」とある。

散布図を比較すると，

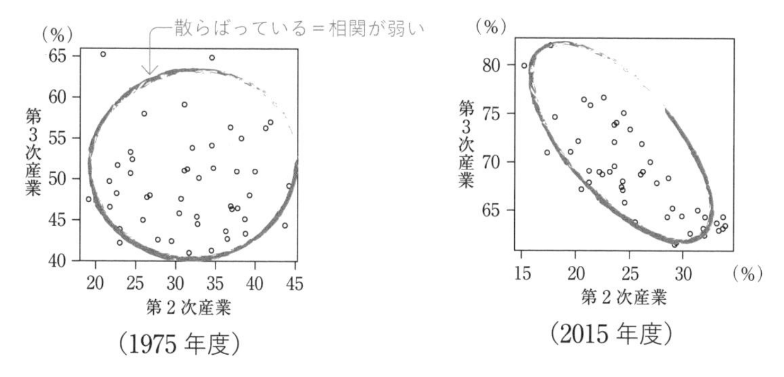

明らかに，2015 年度では，相関が強くなっている。よって，正しい。

≫ (III)では，「第 1 次産業」と「第 3 次産業」を比較しており，2015 年度には，「相関が強くなった」とある。

散布図を比較すると，

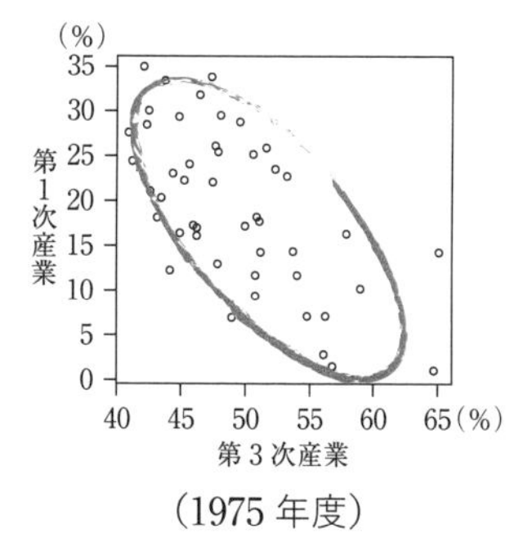

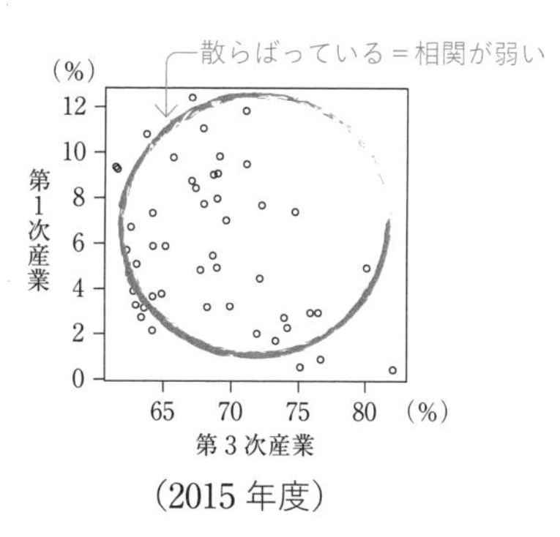

明らかに，2015 年度では，相関が弱くなっている。よって，誤り。

≫ 正解は，誤・正・誤なので，⑤である。

(4)　各都道府県の就業者数の内訳として男女別の就業者数も発表されている。そこで，就業者数に対する男性・女性の就業者数の割合をそれぞれ「男性の就業者数割合」,「女性の就業者数割合」と呼ぶことにし，これらを都道府県別に算出した。図4は，2015年度における都道府県別の，第1次産業の就業者数割合(横軸)と，男性の就業者数割合(縦軸)の散布図である。

男性のグラフのみ与えられている

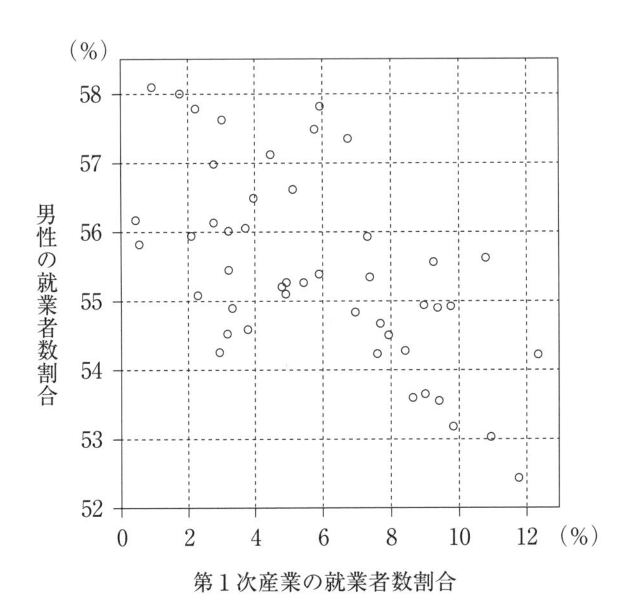

図4　都道府県別の，第1次産業の就業者数割合と，
男性の就業者数割合の散布図

(出典：総務省のWebページにより作成)

各都道府県の，男性の就業者数と女性の就業者数を合計すると就業者数の全体となることに注意すると，2015年度における都道府県別の，第1次産業の就業者数割合(横軸)と，女性の就業者数割合(縦軸)の散布図は［ナ］である。

ここの意味を考える

女性のグラフを答える問題

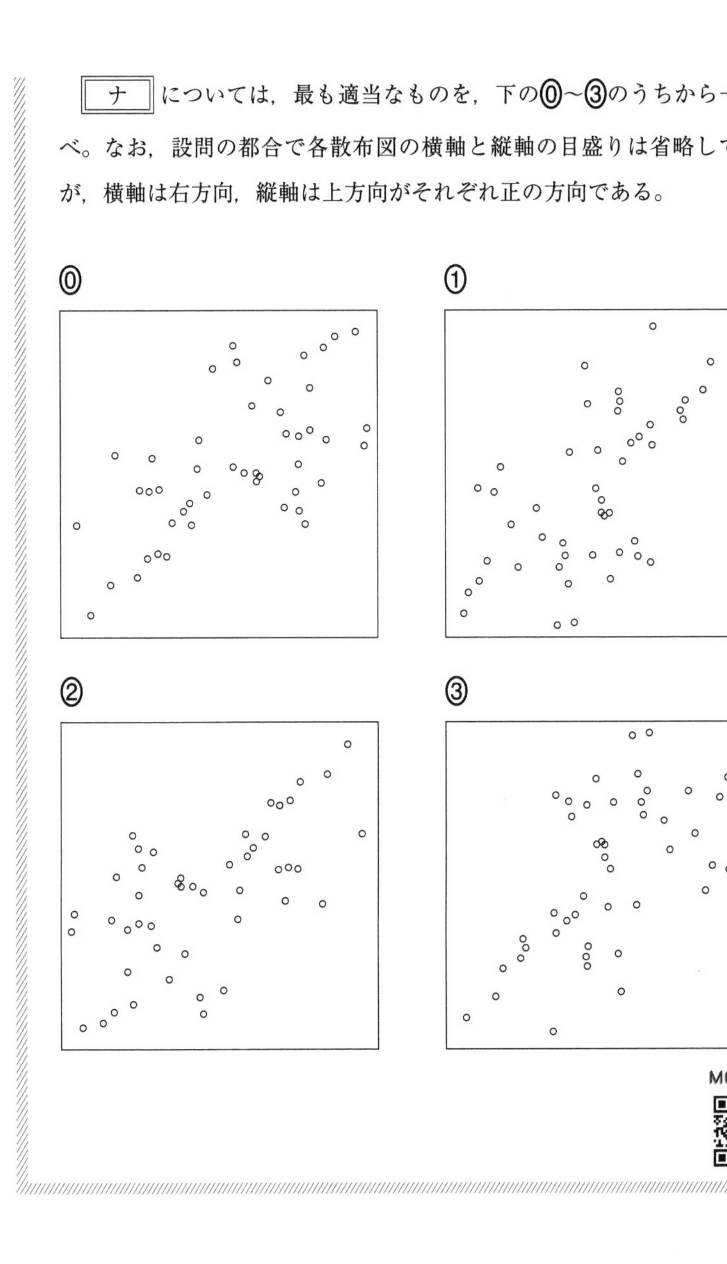

［ナ］については，最も適当なものを，下の⓪～③のうちから一つ選べ。なお，設問の都合で各散布図の横軸と縦軸の目盛りは省略しているが，横軸は右方向，縦軸は上方向がそれぞれ正の方向である。

⓪

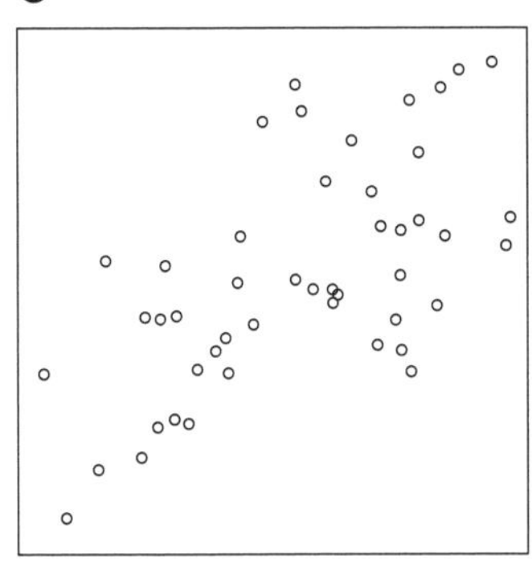

①

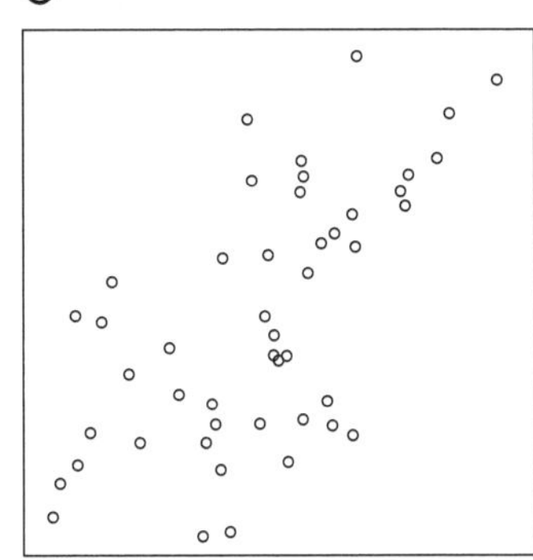

②

③

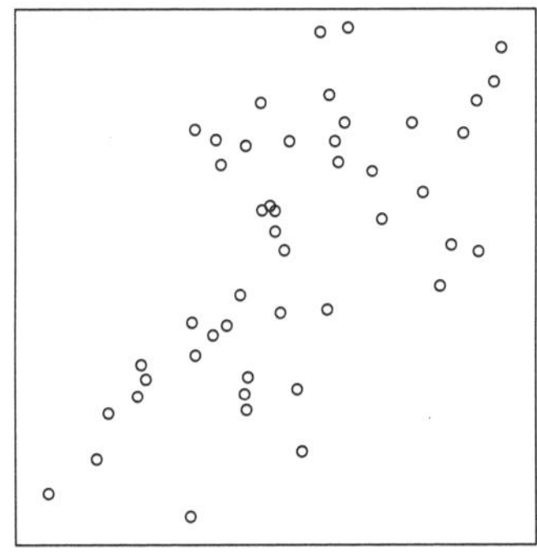

MOVIE 13

着眼点

» 男性の就業者数の散布図から，女性の就業者数の散布図を予想する問題。文中にある，「各都道府県の，男性の就業者数と女性の就業者数を合計すると就業者数の全体になることに注意する」という一文に注目することが重要である。

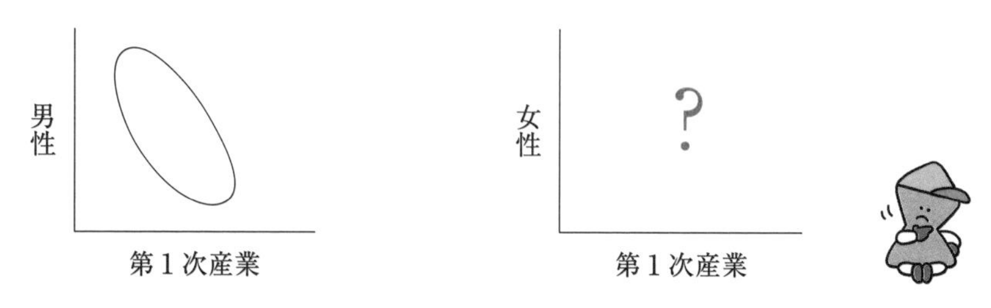

解き方

各都道府県の，男性の就業者数と女性の就業者数を合計すると就業者数の全体になることに着目する。

言い換えると，男性と女性を合わせると100％になるということである。下図を見るとアの男性の就学者数割合は大体58(％)なので，女性は，42(＝100－58)(％)になるとわかる。

同様に，下図のイでは男性が55(％)付近なので，女性は45(＝100－55)(％)であることがわかる。

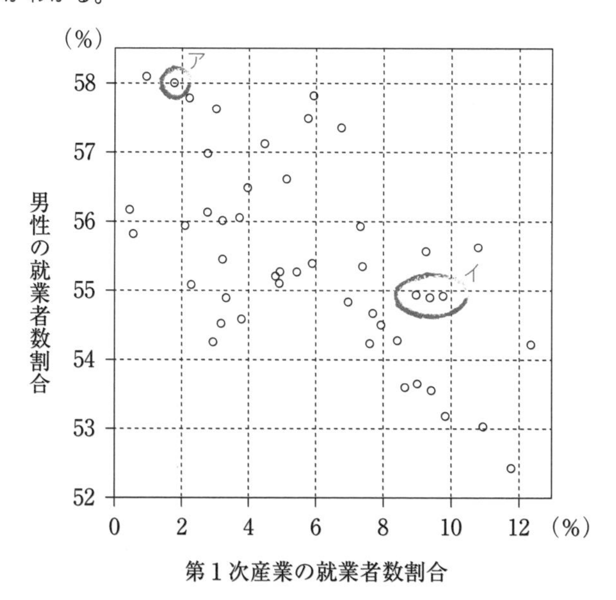

つまり，男性の散布図の上下が反転したような散布図が女性の散布図となる。このように男性の散布図の特徴的な箇所に注目し，上下反転している選択肢を探すと，②が該当する。

②

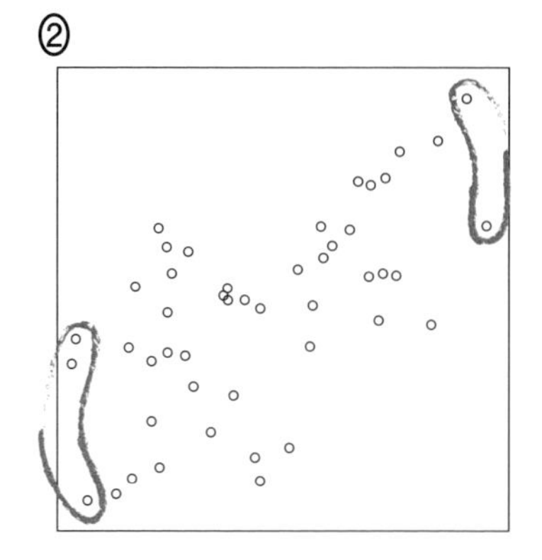

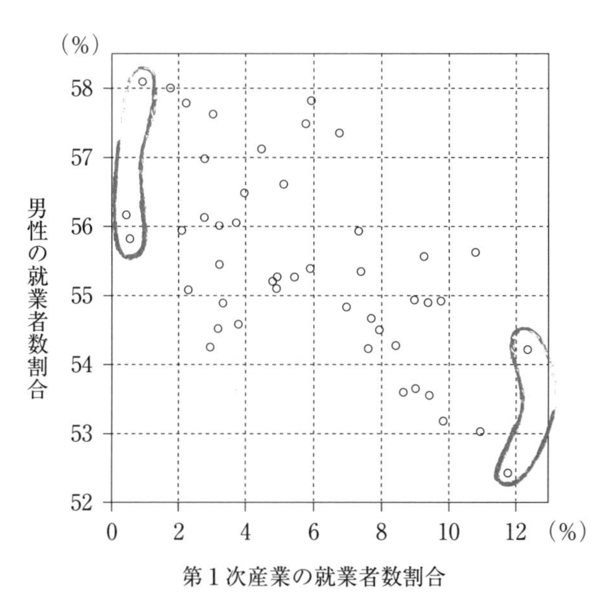

よって，②（ナ）があてはまる。

令和３年度 大学入学共通テスト

第3問 場合の数と確率

まずは大問の全体像を確認する

第３問は，確率の問題です。本問は，全体を見ても何をしたいかすぐに判別するのは難しい問題です。問題の分量を把握する程度に留めましょう。

花子さんと太郎さんの考察はヒントになる

(3) 花子さんと太郎さんは**事実(＊)**について話している。

花子：**事実(＊)**はなぜ成り立つのかな？

太郎：$P_W(A)$ と $P_W(B)$ を求めるのに必要な $P(A \cap W)$ と $P(B \cap W)$ の計算で，①，② の確率に同じ数 $\dfrac{1}{2}$ をかけているからだよ。

花子：なるほどね。外見が同じ三つの箱の場合は，同じ数 $\dfrac{1}{3}$ をかけることになるので，同様のことが成り立ちそうだね。

上で取り上げたように，(3)では，花子さんと太郎さんの会話で**事実(＊)**について，議論されています。事前に目を通しておき，(2)の時点で意識できていればよいですね。

STEP 2 誘導に沿って，問題を解く

難易度 やさしい

(1) 当たりくじを引く確率が $\frac{1}{2}$ である箱Aと，当たりくじを引く確率が $\frac{1}{3}$ である箱Bの二つの箱の場合を考える。

箱Aと箱Bでは当たりくじを引く確率がちがう

(i) 各箱で，くじを1本引いてはもとに戻す試行を3回繰り返したとき

反復試行の問題

箱Aにおいて，3回中ちょうど1回当たる確率は $\frac{\boxed{ア}}{\boxed{イ}}$ …… ①

箱Bにおいて，3回中ちょうど1回当たる確率は $\frac{\boxed{ウ}}{\boxed{エ}}$ …… ②

である。

MOVIE 14

着眼点

» 反復試行の確率の問題である。基本的な問題なので，時間をかけずに素早く解答することが重要である。

FOR YOUR INFORMATION

反復試行

ある試行において，事象 A が起こる確率を p，その余事象 $\overline{A}$ が起こる確率を q とすると，$q=1-p$ となる。この試行を n 回くり返す反復試行において，事象 A が r 回起こる確率は下のように表される。

$${}_n\mathrm{C}_r \cdot p^r \cdot q^{n-r} \quad (r=0,\ 1,\ 2,\ \cdots,\ n)$$

${}_n\mathrm{C}_r$：A が r 回起こるときの場合の数
p^r：A が r 回起こる確率
q^{n-r}：$\overline{A}$ が $(n-r)$ 回起こる確率

ただし，$p^0=1$，$q^0=1$ とする。

解き方

箱Aについて考える。

当たりを引く確率が $\frac{1}{2}$，はずれを引く確率が$\frac{1}{2}\left(=1-\frac{1}{2}\right)$なので，

1から，当たりくじを引く確率を引いたもの

3回中ちょうど1回当たる確率は

$${}_3C_1\left(\frac{1}{2}\right)\left(\frac{1}{2}\right)^2=\frac{\boxed{3}^{ア}}{\boxed{8}_{イ}} \cdots\cdots ①$$

同様に，箱Bについて考えると，

$${}_3C_1\left(\frac{1}{3}\right)\left(\frac{2}{3}\right)^2=\frac{\boxed{4}^{ウ}}{\boxed{9}_{エ}} \cdots\cdots ②$$

$\left(=1-\frac{1}{3}\right)$

難易度 ふつう

(ii) まず，AとBのどちらか一方の箱をでたらめに選ぶ。次にその選んだ箱において，くじを1本引いてはもとに戻す試行を3回繰り返したところ，3回中ちょうど1回当たった。このとき，箱Aが選ばれる事象をA，箱Bが選ばれる事象をB，3回中ちょうど1回当たる事象をWとすると

$$P(A \cap W) = \frac{1}{2} \times \frac{\boxed{ア}}{\boxed{イ}},\quad P(B \cap W) = \frac{1}{2} \times \frac{\boxed{ウ}}{\boxed{エ}}$$

である。$P(W) = P(A \cap W) + P(B \cap W)$であるから，3回中ちょうど1回当たったとき，選んだ箱がAである条件付き確率$P_W(A)$は$\frac{\boxed{オカ}}{\boxed{キク}}$となる。また，条件付き確率$P_W(B)$は$\frac{\boxed{ケコ}}{\boxed{サシ}}$となる。

条件付き確率の問題

MOVIE 14

着眼点

» 条件付き確率の基本的な問題である。「A と B のどちらか一方の箱をでたらめに選ぶ」，「選んだ箱において，くじを1本引いてはもとに戻す試行を3回繰り返す」という作業を正確に理解することが重要である。

FOR YOUR INFORMATION

条件付き確率

$$P_W(A) = \frac{P(A \cap W)}{P(W)}$$

$P_W(A)$　：事象Wが起こったもとで事象Aが起こる確率

$P(A \cap W)$：事象W，Aがともに起こる確率

$P(W)$　：事象Wが起こる確率

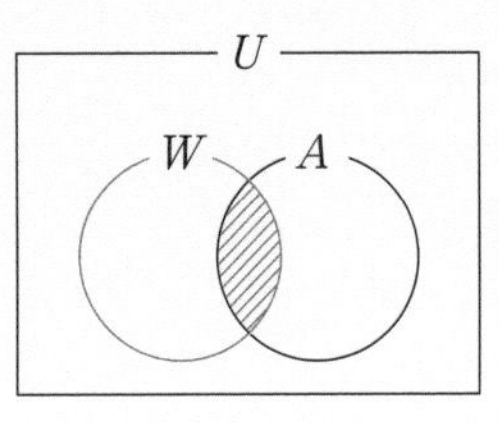

解き方

» $P(A\cap W)$とは，箱Aが選ばれ，さらに3回中ちょうど1回当たる確率である。

$P(B\cap W)$とは，箱Bが選ばれ，さらに3回中ちょうど1回当たる確率である。

箱は無作為に選んでいるので，どちらの箱も同じ確率で選ばれるため，事象AもBも，起こる確率はそれぞれ$\frac{1}{2}$である。

→箱Aと箱Bのどちらを選ぶか

よって，

$$P(A\cap W)=\frac{1}{2}\times\frac{3}{8}$$

←(i)の①参照

$$P(B\cap W)=\frac{1}{2}\times\frac{4}{9}$$

←(i)の②参照

である。

続いて，3回中ちょうど1回当たったとき，選んだ箱がAである条件付き確率$P_W(A)$と，選んだ箱がBである条件付き確率$P_W(B)$を考える。

$$P(W)=P(A\cap W)+P(B\cap W)$$

$$=\frac{1}{2}\times\frac{3}{8}+\frac{1}{2}\times\frac{4}{9}$$

$$=\frac{1}{2}\left(\frac{3}{8}+\frac{4}{9}\right)$$

よって，条件付き確率$P_W(A)$は，

$$P_W(A)=\frac{P(A\cap W)}{P(W)}$$

$$=\frac{\frac{1}{2}\times\frac{3}{8}}{\frac{1}{2}\left(\frac{3}{8}+\frac{4}{9}\right)}$$

← 分母・分子に144をかける

$$=\frac{27}{27+32}$$

$$=\frac{\boxed{27}}{\boxed{59}}$$

オカ キク

$P_W(B)$ は $P_W(A)$ の余事象なので

$$P_W(B)=\frac{P(B\cap W)}{P(W)}$$

$$=\frac{P(W)-P(A\cap W)}{P(W)}$$

$$=1-P_W(A)$$

$$=1-\frac{27}{59}$$

$$=\frac{\boxed{32}}{\boxed{59}}$$ ケコ / サシ

余事象の確率

事象 A に対して，「A が起こらない」という事象を A の余事象(よじしょう)といい，$\overline{A}$ で表す。

このとき　$P(\overline{A})=1-P(A)$　と表せる。

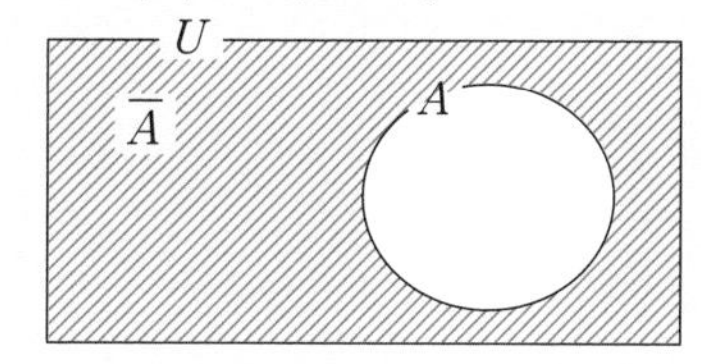

難易度 やさしい

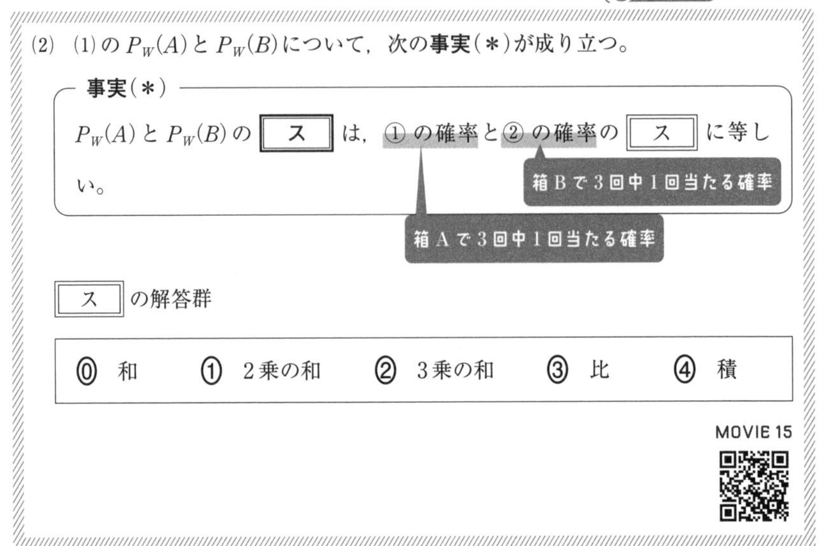

(2) (1)の $P_W(A)$ と $P_W(B)$ について，次の**事実(＊)**が成り立つ。

事実(＊)

$P_W(A)$ と $P_W(B)$ の［ス］は，①の確率と②の確率の［ス］に等しい。

［ス］の解答群

⓪ 和	① 2乗の和	② 3乗の和	③ 比	④ 積

MOVIE 15

着眼点

選択肢を見て，明らかに違うものは素早く候補から消し，選択肢を絞ってから計算すると，短い時間で答えを見つけることができる。

解き方

$$P_W(A)=\frac{27}{59},\ P_W(B)=\frac{32}{59}$$

$$①=\frac{3}{8}\qquad ②=\frac{4}{9}$$

たとえば
和は1になるはずだが，
①＋②は1にならない，
よって⓪は候補から消せる

$$P_W(A):P_W(B)=27:32$$

$$①\ :\ ②\ =\frac{3}{8}:\frac{4}{9}=27:32$$

比は等しい

よって，③（ス）があてはまる。

(3) 花子さんと太郎さんは**事実**(＊)について話している。

(2)をもとにした問題

> 花子：**事実**(＊)はなぜ成り立つのかな？
>
> 太郎：$P_W(A)$ と $P_W(B)$ を求めるのに必要な $P(A \cap W)$ と $P(B \cap W)$ の計算で，①，② の確率に同じ数 $\frac{1}{2}$ をかけているからだよ。
>
> 花子：なるほどね。外見が同じ三つの箱の場合は，同じ数 $\frac{1}{3}$ をかけることになるので，同様のことが成り立ちそうだね。

当たりくじを引く確率が，$\frac{1}{2}$ である箱A，$\frac{1}{3}$ である箱B，$\frac{1}{4}$ である箱C の三つの箱の場合を考える。まず，A，B，Cのうちどれか一つの箱をでたらめに選ぶ。次にその選んだ箱において，くじを1本引いてはもとに戻す試行を3回繰り返したところ，3回中ちょうど1回当たった。このとき，選んだ箱がAである条件付き確率は 

となる。

MOVIE 16

着眼点

» 太郎さんの発言を丁寧に理解することが重要である。
まずは，**事実(＊)**を整理する。

$P_W(A)$: $P_W(B)$ = ①の確率 : ②の確率

（①の確率：箱 A で 3 回中 1 回当たる確率，②の確率：箱 B で 3 回中 1 回当たる確率）

太郎さんは，

> $P_W(A)$ と $P_W(B)$ を求めるのに必要な $P(A \cap W)$ と $P(B \cap W)$ の計算で，①，② の確率に同じ数 $\frac{1}{2}$ をかけているからだよ。

と述べており，これを考える。

① $=\frac{3}{8}$ を a，② $=\frac{4}{9}$ を b とおく。

$P(A\cap W)=\frac{1}{2}a$，$P(B\cap W)=\frac{1}{2}b$ より，

$$P(W)=\frac{1}{2}a+\frac{1}{2}b$$
$$=\frac{1}{2}(a+b)$$

このとき，

$$P_W(A)=\frac{P(A\cap W)}{P(W)}=\frac{\frac{1}{2}a}{\frac{1}{2}(a+b)}$$

$$P_W(B)=\frac{P(B\cap W)}{P(W)}=\frac{\frac{1}{2}b}{\frac{1}{2}(a+b)}$$

$$P_W(A):P_W(B)=\frac{\frac{1}{2}a}{\frac{1}{2}(a+b)}:\frac{\frac{1}{2}b}{\frac{1}{2}(a+b)}$$
$$=a\qquad :b$$

事実(＊)のように，$P_W(A):P_W(B)$は，①：②となる。

これは，①と②の両方に$\frac{1}{2}$をかけたためと，太郎さんは考察していたのである。

≫これを受けて，花子さんは，

> なるほどね。外見が同じ三つの箱の場合は，同じ数$\frac{1}{3}$をかけることになるので，同様のことが成り立ちそうだね。

と述べている。

これは，毎回公式を利用して条件付き確率を求めるのではなく，①と②の確率の比を使って条件付き確率の値を求めることができるのではないかということである。

解き方

(1)と同様に，箱 C において，3 回中ちょうど 1 回当たりが出る確率を考えると，

$${}_3C_1\left(\frac{1}{4}\right)\left(\frac{3}{4}\right)^2=\frac{27}{64}\ \cdots\cdots③$$

着眼点 で考えたように，箱が 2 つの場合の $P_W(A)$ は

$$P_W(A)=\frac{a}{a+b}$$

だったので，箱が 3 つの場合は，$③=\frac{27}{64}$ を c とおくと

$$P_W(A)=\frac{a}{a+b+c}$$

と考えられる。

$a=\frac{3}{8}$，$b=\frac{4}{9}$，$c=\frac{27}{64}$ より，

$$P_W(A)=\frac{\frac{3}{8}}{\frac{3}{8}+\frac{4}{9}+\frac{27}{64}}$$

$$=\frac{216}{216+256+243}$$

$$=\frac{\boxed{216}\ \text{セソタ}}{\boxed{715}\ \text{チツテ}}$$

(4)

花子：どうやら箱が三つの場合でも，条件付き確率の ス は各箱で3回中ちょうど1回当たりくじを引く確率の ス になっているみたいだね。

太郎：そうだね。それを利用すると，条件付き確率の値は計算しなくても，その大きさを比較することができるね。

当たりくじを引く確率が，$\frac{1}{2}$ である箱A，$\frac{1}{3}$ である箱B，$\frac{1}{4}$ である箱C，$\frac{1}{5}$ である箱Dの四つの箱の場合を考える。まず，A，B，C，Dのうちどれか一つの箱をでたらめに選ぶ。次にその選んだ箱において，くじを1本引いてはもとに戻す試行を3回繰り返したところ，3回中ちょうど1回当たった。このとき，条件付き確率を用いて，どの箱からくじを引いた可能性が高いかを考える。可能性が高い方から順に並べると ト となる。

花子と太郎の考察がヒントになっている

ト の解答群

⓪ A，B，C，D	① A，B，D，C	② A，C，B，D
③ A，C，D，B	④ A，D，B，C	⑤ B，A，C，D
⑥ B，A，D，C	⑦ B，C，A，D	⑧ B，C，D，A

MOVIE 17

着眼点

≫ (3)と同様に，比を用いて，条件付き確率を求めることができると理解できたかがポイントである。
各箱において，3回中ちょうど1回当たりが出るときの確率をそれぞれ，a～dとおくと，3回中ちょうど1回当たりが出たときに，各箱を選ぶ条件付き確率は次のように表される。

箱	A	B	C	D
各箱において3回中ちょうど1回当たりが出る確率	a	b	c	d
3回中ちょうど1回当たりが出たとき，各箱を選ぶ条件付き確率	$\frac{a}{a+b+c+d}$	$\frac{b}{a+b+c+d}$	$\frac{c}{a+b+c+d}$	$\frac{d}{a+b+c+d}$

ここからわかるように，条件付き確率の大小関係を比較するときには，a，b，c，dの確率の大小を比較すればよいということである。

解き方

(1)と同様に，箱Dにおいて，3回中ちょうど1回当たりが出る確率④は

$${}_3C_1\left(\frac{1}{5}\right)\left(\frac{4}{5}\right)^2=\frac{48}{125} \quad \cdots\cdots ④$$

箱	A	B	C	D
各箱において3回中ちょうど1回当たりが出る確率	$\frac{3}{8}$	$\frac{4}{9}$	$\frac{27}{64}$	$\frac{48}{125}$
3回中ちょうど1回当たりが出たとき各箱を選ぶ条件付き確率	$\frac{a}{a+b+c+d}$	$\frac{b}{a+b+c+d}$	$\frac{c}{a+b+c+d}$	$\frac{d}{a+b+c+d}$

ここで，選択肢⓪～⑧を見ると，一番可能性が高いのは，AかBであることがわかる。

そこで，AとBの大小関係を比較する。

$\frac{4}{9} > \frac{3}{8}$ より，B>A

よって，⑤～⑧に絞られる。

続いて，AとCを比較すると，

$\frac{27}{64} > \frac{3}{8}$ より，C>A

よって，⑦，⑧に絞られる。

続いて，AとDを比較すると，

$\frac{48}{125} > \frac{3}{8}$ より，D>A

よって，⑧があてはまる。

ト

分子の比較

$\frac{48}{125}$ と $\frac{3}{8}$ の比較は，分子をそろえるとよい。

$\frac{48}{125}$ と $\frac{48}{128}$ を比較すると，分母が大きい方が小さい値なので，（48 ← 3×16，128 ← 8×16）

$\frac{3}{8}$ が小さいとわかる。

令和３年度 大学入学共通テスト

第4問 整数の性質

STEP 1 問題の設定を整理する

第４問は，整数問題です。問題全体にさっと目を通し，円周上に 15 個の点を置いて，反時計回りに並べて，石を動かす問題だということと，不定方程式の問題だということなどをチェックしましょう。
チェック後は，問題の設定を整理していきます。

円周上に 15 個の点 P_0，P_1，…，P_{14} が反時計回りに順に並んでいる。最初，点 P_0 に石がある。さいころを投げて偶数の目が出たら石を反時計回りに 5 個先の点に移動させ，奇数の目が出たら石を時計回りに 3 個先の点に移動させる。この操作を繰り返す。例えば，石が点 P_5 にあるとき，さいころを投げて 6 の目が出たら石を点 P_{10} に移動させる。次に，5 の目が出たら点 P_{10} にある石を点 P_7 に移動させる。

例も大切なヒント

(1) さいころを 5 回投げて，偶数の目が [ア] 回，奇数の目が [イ] 回出れば，点 P_0 にある石を点 P_1 に移動させることができる。このとき，$x =$ [ア]，$y =$ [イ] は，不定方程式 $5x - 3y = 1$ の整数解になっている。

不定方程式の問題

問題文を読み，図示します。下図のように，円周上に 15 個の点があり，P_0 を起点としています。ここでは，反時計回りに進む方向を正の値で，時計回りを負の値で表すことにしましょう。

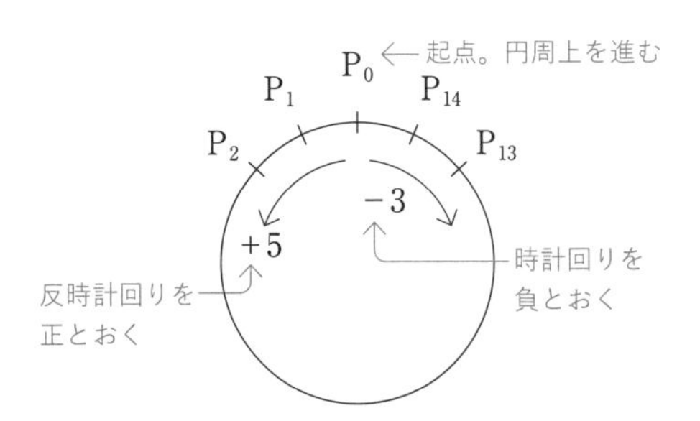

偶数の目が出たら＋５進み，
奇数の目が出たら－３進む
と考えるイメージができたかが，
ポイントだよ！

STEP 2 誘導に沿って，問題を解く

難易度 ふつう

(1) さいころを5回投げて，偶数の目が［ア］回，奇数の目が［イ］回出れば，点 P_0 にある石を点 P_1 に移動させることができる。このとき，$x=$［ア］，$y=$［イ］は，不定方程式 $5x-3y=1$ の整数解になっている。

不定方程式の整数解を求める問題

MOVIE 18

着眼点

» 不定方程式 $5x-3y=1$ に注目する。STEP 1 で整理したように，偶数の目が出ると，$+5$ 進み，奇数の目が出ると -3 進むので，さいころを投げて偶数の目が x 回出たら $+5x$ 進み，奇数の目が y 回出たら $-3y$ 進むと考える。

» P_0 から P_1 への移動は「$+1$ 進んだ」ということなので，不定方程式 $5x-3y=1$ を考えることが，さいころを5回投げて，石が P_1 に移動したときの，偶数の目と奇数の目の出る回数を考えることになる。

問題文中に与えられている

解き方

さいころを5回投げて，

偶数の目が出た回数を x 回

奇数の目が出た回数を y 回とする。

$$\begin{cases} 5x-3y=1 \\ x+y=5 \end{cases}$$

5回投げることを式に表す

この連立方程式を解くと，

$x=2$，$y=3$　である。

よって，偶数の目が［2］回，奇数の目が［3］回である。
（ア）（イ）

アイ

別解

$5x-3y=1$　の式を見て直観的に，$x=2$，$y=3$ と求めてもよい。

(2) 不定方程式

$$5x - 3y = 8 \quad \cdots\cdots ①$$

のすべての整数解 x, y は，k を整数として

$x =$ [ア] $\times 8 +$ [ウ] k，$y =$ [イ] $\times 8 +$ [エ] k

(1)で導かれている＝2　(1)で導かれている＝3

と表される。① の整数解 x, y の中で，$0 \leqq y <$ [エ] を満たすものは

$x =$ [オ]，$y =$ [カ]

である。したがって，さいころを [キ] 回投げて，偶数の目が [オ] 回，奇数の目が [カ] 回出れば，点 P_0 にある石を点 P_8 に移動させることができる。

MOVIE 19

着眼点

» 一般的な不定方程式の問題である。

解き方

$5x - 3y = 1$ ⟵ (1)で与えられている式

(1)より，

$5 \times 2 - 3 \times 3 = 1$

両辺に 8 をかける。

$5 \times 16 - 3 \times 24 = 8$ …①′

①－①′

$$
\begin{array}{rrr}
5x & -3y & =8 \\
-)\ 5\times 16 & -3\times 24 & =8 \\
\hline
5(x-16) & -3(y-24) & =0
\end{array}
$$

よって，

$$5\underbrace{(x-16)}_{3k}=3\underbrace{(y-24)}_{5k}$$

5と3は互いに素であるから，整数kを用いて，

$$\begin{cases} x-16=3k \\ y-24=5k \end{cases}$$

と表せる。

よって，

$$\begin{cases} x=3k+16 \\ y=5k+24 \end{cases}$$

$$\Longleftrightarrow \begin{cases} x=2\times 8+\boxed{3}_{\text{ウ}}k \\ y=3\times 8+\boxed{5}_{\text{エ}}k \end{cases}$$

これが，①の整数解である。このうち，

$y=24+5k$ が $0\leqq y<5$ を満たすためには，←― 問題文の〰〰のこと

$k=-4$ が考えられる。

このとき，

$y=\boxed{4}_{\text{カ}}$，$x=\boxed{4}_{\text{オ}}$ となる。

したがって，さいころは $\boxed{8}_{\text{キ}}$ 回投げたとわかる。

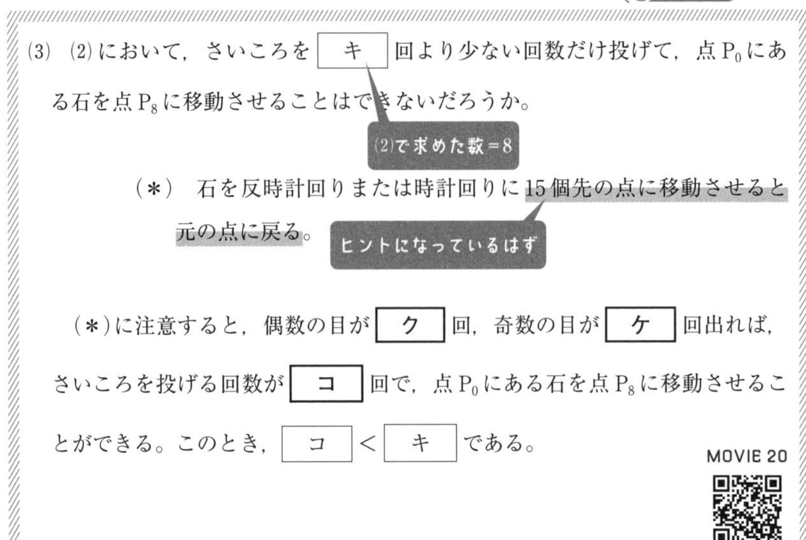

(3) (2)において，さいころを [キ] 回より少ない回数だけ投げて，点 P_0 にある石を点 P_8 に移動させることはできないだろうか。

（＊） 石を反時計回りまたは時計回りに15個先の点に移動させると元の点に戻る。

（＊）に注意すると，偶数の目が [ク] 回，奇数の目が [ケ] 回出れば，さいころを投げる回数が [コ] 回で，点 P_0 にある石を点 P_8 に移動させることができる。このとき，[コ] ＜ [キ] である。

着眼点

「（＊）石を反時計回りまたは時計回りに15個先の点に移動させると元の点に戻る」という文の意味を考える。例えば，(2)の P_8 へとたどり着くには，P_0 から $+8$ 進んでもよいが，-7 進むとも考えられる。この点に着目して考えると，

次図参照

さいころは，より少ない回数で P_8 にたどり着くことができる。

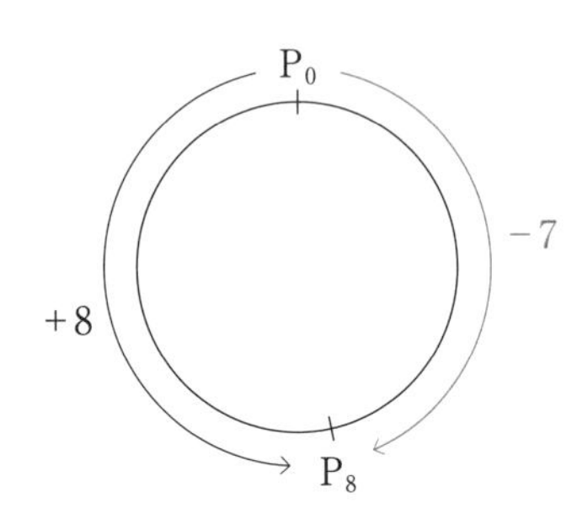

こういった図は，そのつどかこう

解き方

偶数の目が出ると+5進むのだから，3回偶数の目が出ると1周することになる。

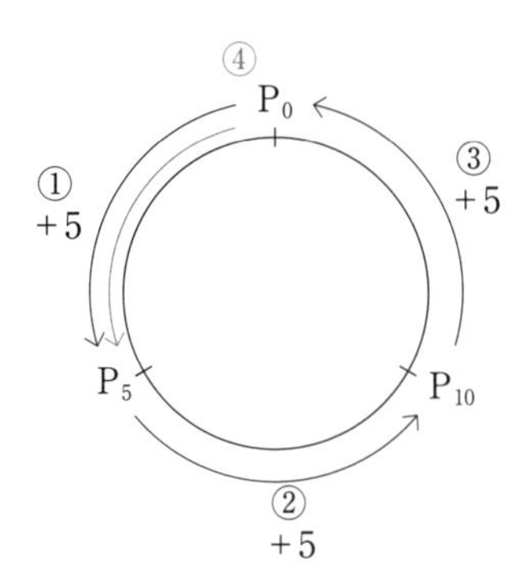

偶数の目が4回出たときの位置は，

偶数の目が1回出たときの位置と同じである。

よって，偶数の目が[1]回，奇数の目が[4]回出れば，さいころを投げる回数が[5]回で，P_8に移動させられる。
（ク：1，ケ：4，コ：5）

なお，同様に，奇数の目が5回出ると1周することになる。

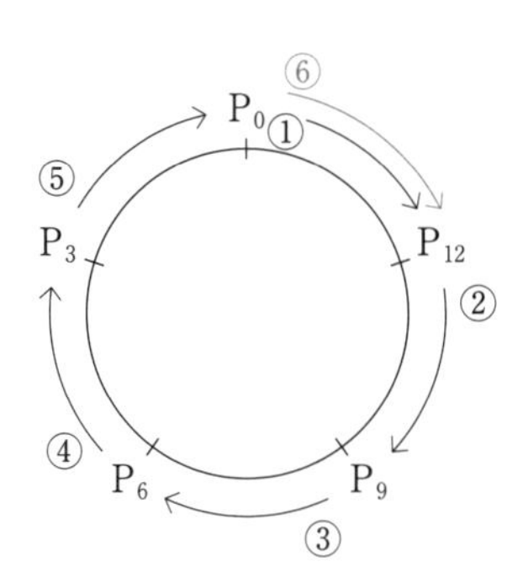

(4) 点 P_1，P_2，…，P_{14} のうちから点を一つ選び，点 P_0 にある石をさいころを何回か投げてその点に移動させる。そのために必要となる，さいころを投げる最小回数を考える。例えば，さいころを1回だけ投げて点 P_0 にある石を点 P_2

例もヒントになる

へ移動させることはできないが，さいころを2回投げて偶数の目と奇数の目が1回ずつ出れば，点 P_0 にある石を点 P_2 へ移動させることができる。したがって，点 P_2 を選んだ場合には，この最小回数は2回である。

点 P_1，P_2，…，P_{14} のうち，この最小回数が最も大きいのは点 サ であり，その最小回数は シ 回である。

サ の解答群

⓪ P_{10}	① P_{11}	② P_{12}	③ P_{13}	④ P_{14}

MOVIE 21

着眼点

≫ さいころを投げる最小回数を考える問題である。選択肢に与えられている P_{10}～P_{14} の5パターンをひとつひとつ考えてもよいが，(1)～(3)から，x と y の範囲で答えを絞ると，より速く解くことができる。

解き方

$0 \leqq x < 3$

$0 \leqq y < 5$

(3)の 解き方 参照

より，偶数の目と奇数の目の出方と，そのときの石の位置を書き出す。

y \ x	0	1	2
0	P_0	P_5	P_{10}
1	P_{12}	P_2	P_7
2	P_9	P_{14}	P_4
3	P_6	P_{11}	P_1
4	P_3	P_8	P_{13}

← 表にすると，考えやすい

表より，P_{13} が最もさいころの回数が多くなるため，③(サ)があてはまる。

また，そのときの回数は6(シ)回である。

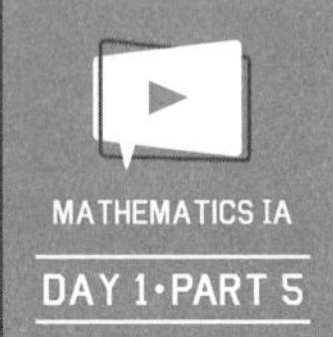

令和３年度 大学入学共通テスト

第5問 図形の性質

STEP 1 まずは大問の全体像をつかむ

第５問は図形の性質の問題です。図形問題で大切なことは，条件に応じた図をいくつかかくことです。問題文にさっと目を通し，どのような図形を考えるかチェックしましょう。

> 三角形の問題
>
> △ABC において，AB = 3，BC = 4，AC = 5とする。
>
> ∠BAC の二等分線と辺 BC との交点を D とすると
>
> 角の二等分線を引く
>
> $$BD = \frac{\boxed{ア}}{\boxed{イ}},\quad AD = \frac{\boxed{ウ}\sqrt{\boxed{エ}}}{\boxed{オ}}$$
>
> である。
>
> また，∠BAC の二等分線と △ABC の外接円 O との交点で点 A とは異なる点を E とする。△AEC に着目すると
>
> 外接円であることを意識する
>
> $$AE = \boxed{カ}\sqrt{\boxed{キ}}$$
>
> である。

さっと目を通して，外接円や内接円が出てくる場合は，そのことを意識しておくと，速く，正確に図をかくことができます。

> 問題文から読み取った新しい情報を一度かいた図にずっとかき加えるのではなく，問題に応じて必要な部分を抜き出したり，新しい図をかいたりするようにしよう！

誘導に沿って，問題を解く

辺の長さの比から，△ABC は直角三角形

難易度 ふつう

△ABC において，AB = 3，BC = 4，AC = 5 とする。

∠BAC の二等分線と辺 BC との交点を D とすると

$$BD = \frac{\boxed{ア}}{\boxed{イ}},\quad AD = \frac{\boxed{ウ}\sqrt{\boxed{エ}}}{\boxed{オ}}$$

である。

また，∠BAC の二等分線と △ABC の外接円 O との交点で点 A とは異なる点を E とする。△AEC に着目すると

二等分線と円の関係から わかることを考える

$$AE = \boxed{カ}\sqrt{\boxed{キ}}$$

である。

MOVIE 22

着眼点

» 問題文に書かれている図形を正確にかき，情報を整理できるかがポイント。

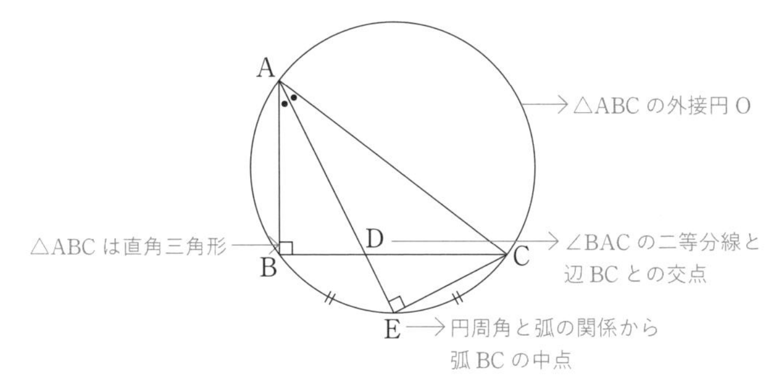

円周角の定理から導かれる円周角と弧の関係

1 つの円で，円周角が等しい ⟺ 弧の長さが等しい

解き方

» △ABC について考える。

$3^2+4^2=5^2$ から

$$AB^2+BC^2=AC^2$$

よって，△ABC は∠ABC＝90° の直角三角形である。

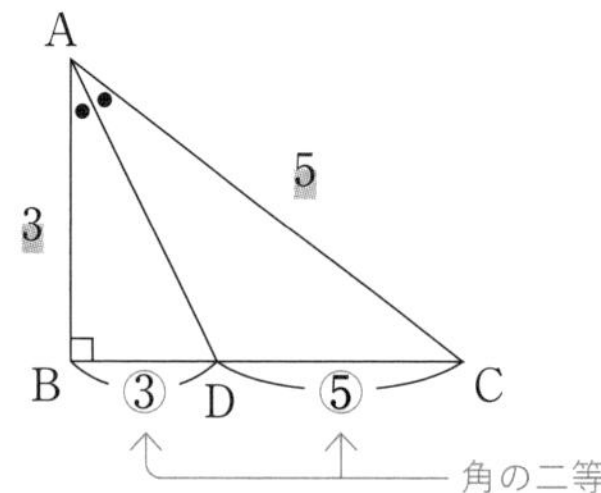

AB：AC＝BD：DC より，

$$BD:DC=3:5$$

よって，

$$BD=4\times\frac{3}{8}=\frac{\boxed{3}_{ア}}{\boxed{2}_{イ}}$$

» 次に，△ABD について考える。

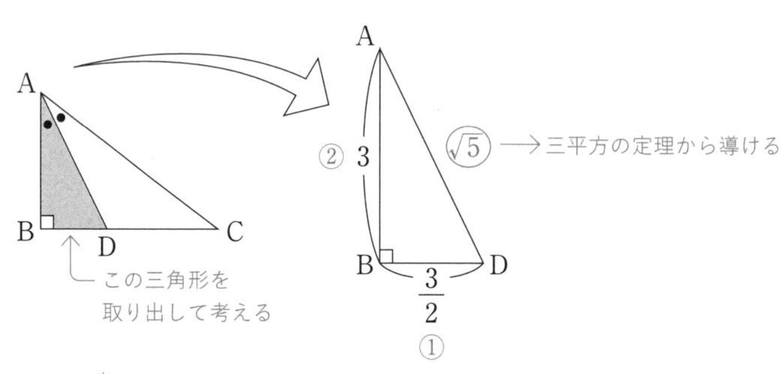

$$AD=\frac{\overset{ウ}{\boxed{3}}\sqrt{\boxed{5}}_{エ}}{\boxed{2}_{オ}}$$

» 続いて，△AECを考えると，∠Eは90°であり，△ABDと相似である。

→∠Eは円Oの直径ACに対する円周角であるから，90°

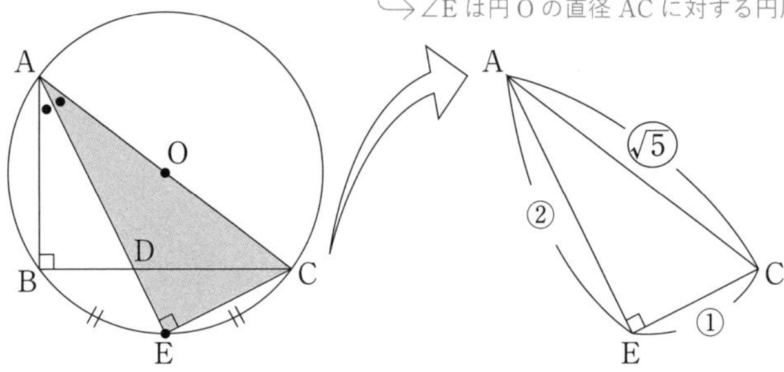

$$AE = AC \times \frac{2}{\sqrt{5}}$$

$$= \boxed{2}\sqrt{\boxed{5}}$$

カ　キ

△ABCの2辺ABとACの両方に接し，外接円Oに内接する円の中心をPとする。円Pの半径をrとする。さらに，円Pと外接円Oとの接点をFとし，直線PFと外接円Oとの交点で点Fとは異なる点をGとする。このとき

$$AP = \sqrt{\boxed{\text{ク}}}\,r,\quad PG = \boxed{\text{ケ}} - r$$

と表せる。したがって，方べきの定理により$r = \dfrac{\boxed{\text{コ}}}{\boxed{\text{サ}}}$である。

MOVIE 22

着眼点

→外接円Oとの位置関係をひとまず脇において考える。

» 辺ABとACに接する円とその中心Pを考えると，APは∠Aの二等分線になる。つまり，AE上に点Pがあることがわかる。

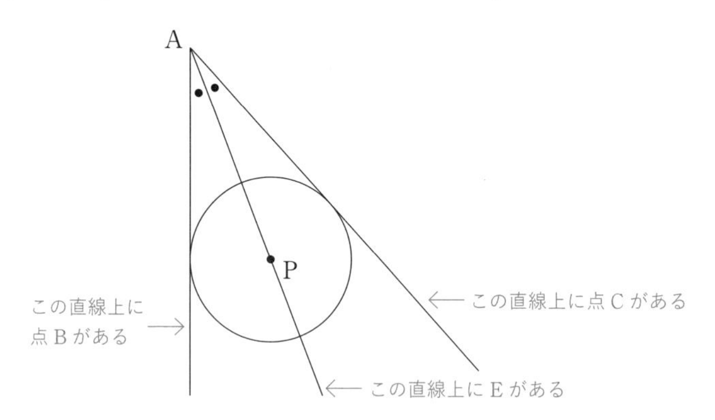

» また，点Fと中心Pと中心Oは一直線上に並んでいる。

→点Fは，円Pの接点かつ円Oの接点

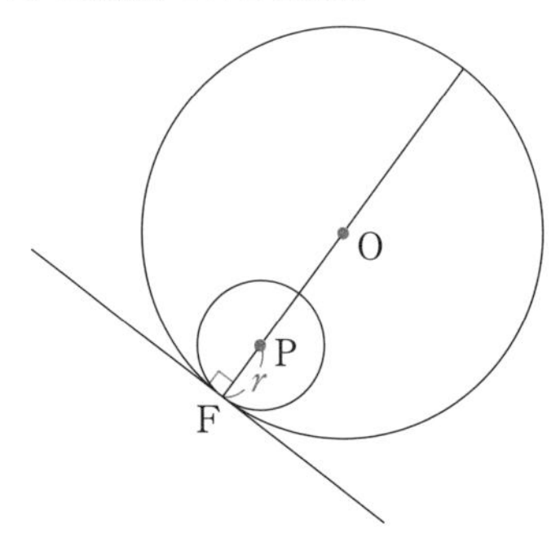

これらの事実に，気がつくことができたかどうかがポイントである。

方べきの定理

円の2つの弦AB，CD，またはそれらの延長が点Pで交わるとき PA･PB＝PC･PD が成り立つ。

また，円外の点Pを通る2直線の一方が円と2点A，Bで交わり，もう一方が点Tで接するとき，$PA \cdot PB = PT^2$ が成り立つ。

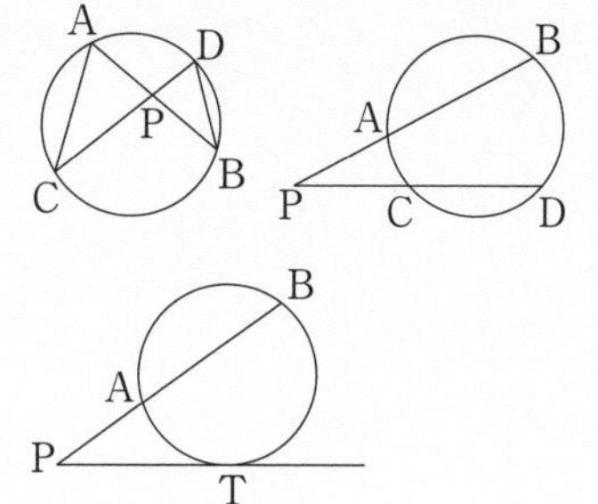

解き方

APとPGについて，考える。

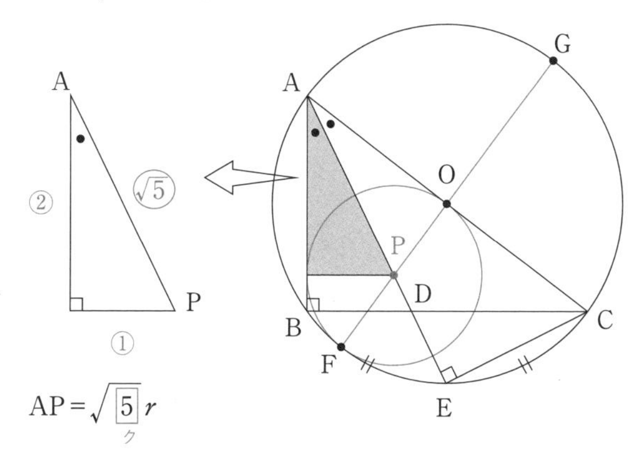

FG は円 O の直径なので

FG = 5

PF = r より，

PG = $\boxed{5}_{ケ} - r$

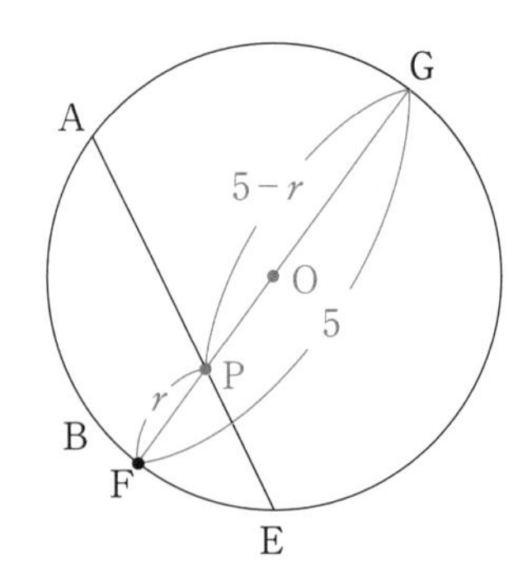

≫ 方べきの定理より，

→点 P を基準にして方べきを考える

$$AP \times PE = FP \times PG$$

→PE = AE − AP

$$\sqrt{5}r \times (2\sqrt{5} - \sqrt{5}r) = r \times (5 - r)$$

$$10r - 5r^2 = 5r - r^2$$

$$4r^2 - 5r = 0$$

$$r(4r - 5) = 0$$

$$r = \frac{\boxed{5}_{コ}}{\boxed{4}_{サ}}$$

△ABCの内心をQとする。内接円Qの半径は［シ］で，AQ = $\sqrt{［ス］}$

内接円の半径の考え方が重要

である。また，円Pと辺ABとの接点をHとすると，AH = $\frac{［セ］}{［ソ］}$ である。

以上から，点Hに関する次の(a)，(b)の正誤の組合せとして正しいものは

正誤の組合せを答える問題

［タ］である。

(a) 点Hは3点B，D，Qを通る円の周上にある。

(b) 点Hは3点B，E，Qを通る円の周上にある。

［タ］の解答群

	⓪	①	②	③
(a)	正	正	誤	誤
(b)	正	誤	正	誤

MOVIE 23

着眼点

» 内接円の半径の代表的な求め方を押さえておき，時間短縮を行う。

FOR YOUR INFORMATION

内接円の半径の求め方①

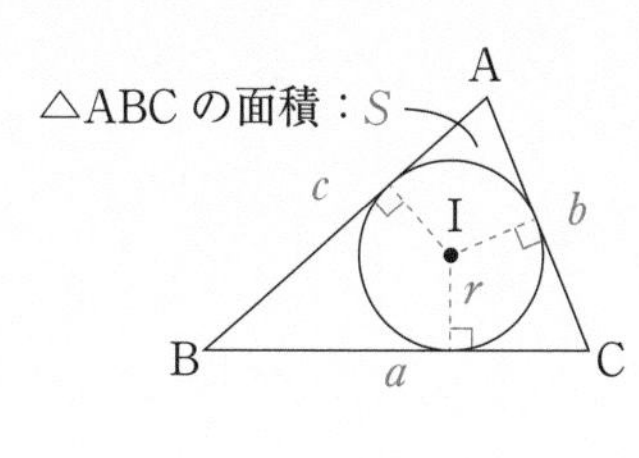

$$r=\frac{2S}{a+b+c}$$

内接円の半径の求め方②

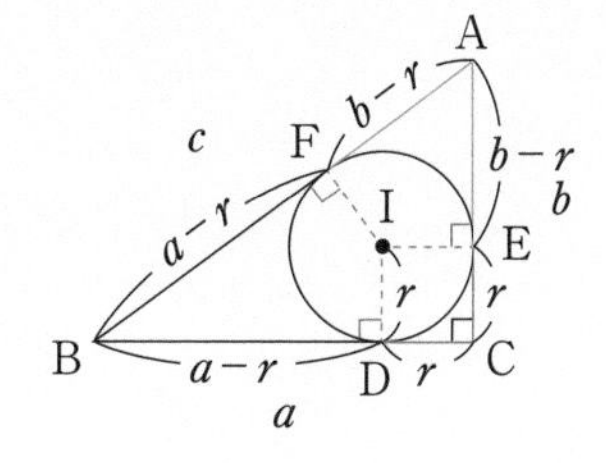

$$c=a+b-2r$$

» また，4点が同一円周上にあるかどうかを判断する場合は，円周角を考えることが多いが，この問題では方べきの定理の逆を用いるとよい。

FOR YOUR INFORMATION

4点が同一円周上にあることを示す方法

① 円周角の定理の逆を示す

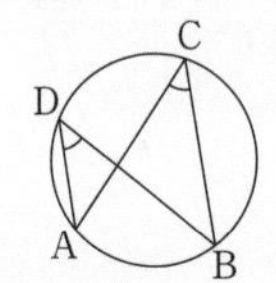

条件：$\angle ACB = \angle ADB$

② 四角形が円に内接することを示す

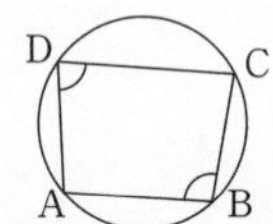

$\angle ABC + \angle ADC = 180°$

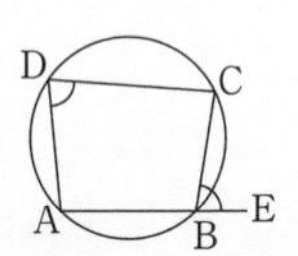

$\angle ADC = \angle CBE$

③ 方べき定理の逆を示す

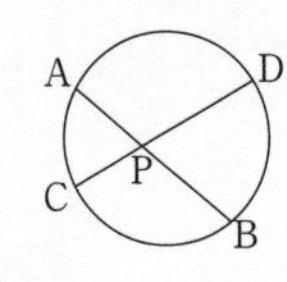

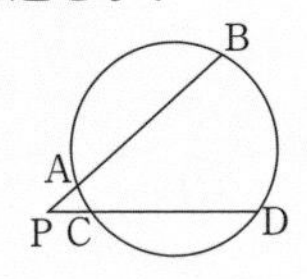

$PA \cdot PB = PC \cdot PD$

解き方

» △ABC と内接円 Q を考える。

内接円 Q の半径を R とおく。

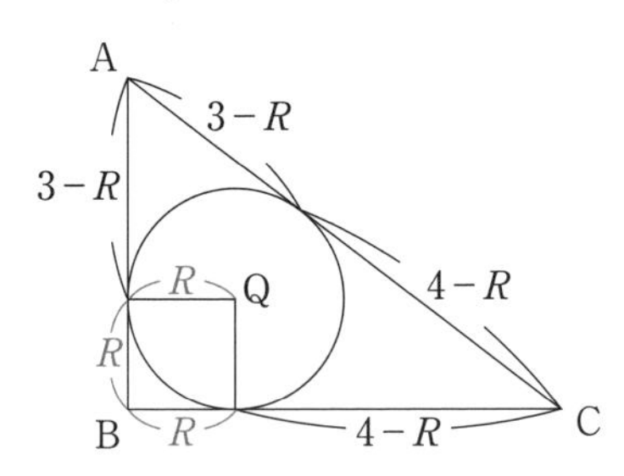

AC＝5 より

$$(3-R)+(4-R)=5$$

$$2R=3+4-5$$

$$R=1$$

よって内接円の半径は $\boxed{1}$
シ

≫ 続いて，AQ を考える。

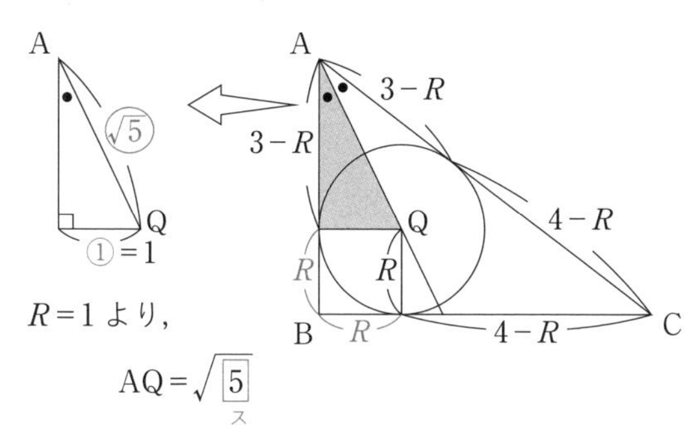

$R=1$ より，

$$AQ=\sqrt{\boxed{5}}$$

ス

≫ 点 H を考えると，

HP は円 P の半径なので

$$HP=\frac{5}{4}$$

AH＝2HP より，

$$AH=\frac{\boxed{5}}{\boxed{2}}$$

セ ソ

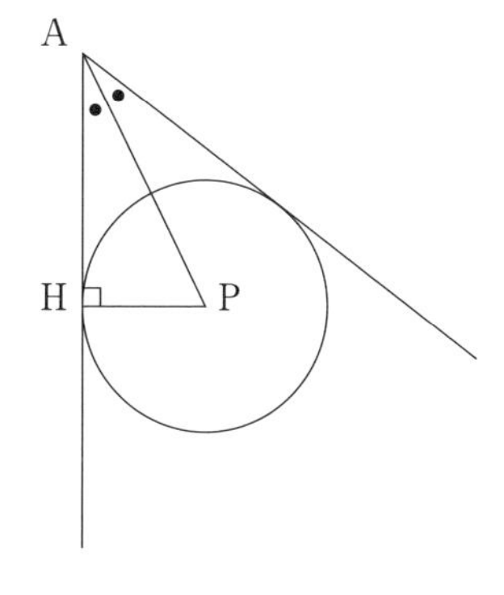

≫4 点が同一円周上にあるかを確認する。

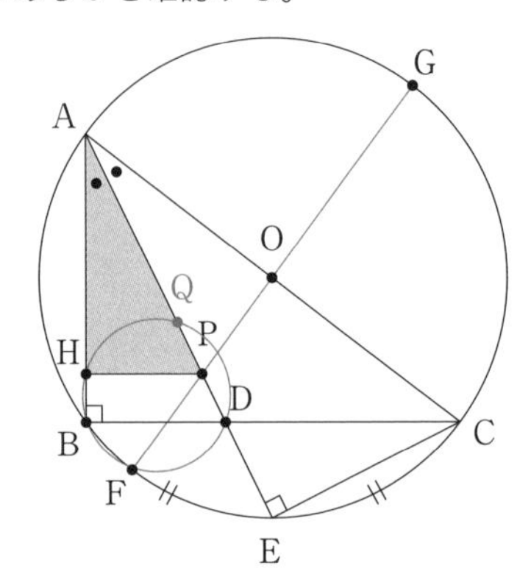

点 H, B, D, Q が同一円周上にあるかを確かめる。

$\Longrightarrow$ 方べきの定理の逆より,

AH・AB＝AQ・AD が成り立つかどうかを調べる。

$$(\text{左辺})=\frac{5}{2}\cdot 3=\frac{15}{2}$$

$$(\text{右辺})=\sqrt{5}\cdot\frac{3\sqrt{5}}{2}=\frac{15}{2}$$

よって, 左辺＝右辺なので, 点 H, B, D, Q は

同一円周上にある。

点 H, B, E, Q が同一円周上にあるかを確かめる。

$\Longrightarrow$ 方べきの定理の逆より,

AH・AB＝AQ・AE が成り立つかどうかを調べる。

$$(\text{左辺})=\frac{15}{2}$$

$$(\text{右辺})=\sqrt{5}\cdot 2\sqrt{5}=10$$

よって, 成り立たない。

ゆえに, ① が当てはまる。
タ

令和３年度(2021年度) 大学入学共通テスト

数学Ⅰ・A　第2日程

解答一覧

問題番号(配点)	解答記号	正解	配点
第１問(30)	アイ，ウエ	-2，-1 又は -1，-2	3
	オ	8	3
	カ	3	4
	キ	8	2
	クケ	90	2
	コ	4	2
	サ	4	2
	シ	①	2
	ス	①	1
	セ	⓪	1
	ソ	⓪	2
	タ	③	2
	$\frac{\text{チ}}{\text{ツ}}$	$\frac{4}{5}$	2
	テ	5	2
第２問(30)	アイウ$-x$	$400-x$	3
	エオカ，キ	560，7	3
	クケコ	280	3
	サシスセ	8400	3
	ソタチ	250	3
	ツ	⑤	4
	テ	③	3
	トナニ	240	2
	ヌ，ネ	③，⓪	2
	ノ	⑥	2
	ハ	③	2

（注）第１問，第２問は必答。第３問～第５問のうちから２問選択。計４問を解答。

問題番号(配点)	解答記号	正解	配点
第３問(20)	$\frac{\text{アイ}}{\text{ウエ}}$	$\frac{11}{12}$	2
	$\frac{\text{オカ}}{\text{キク}}$	$\frac{17}{24}$	2
	$\frac{\text{ケ}}{\text{コサ}}$	$\frac{9}{17}$	3
	$\frac{\text{シ}}{\text{ス}}$	$\frac{1}{3}$	3
	$\frac{\text{セ}}{\text{ソ}}$	$\frac{1}{2}$	3
	$\frac{\text{タチ}}{\text{ツテ}}$	$\frac{17}{36}$	3
	$\frac{\text{トナ}}{\text{ニヌ}}$	$\frac{12}{17}$	4
第４問(20)	ア，イ，ウ，エ	3，2，1，0	3
	オ	3	3
	カ	8	3
	キ	4	3
	クケ，コ，サ，シ	12，8，4，0	4
	ス	3	2
	セソタ	448	2
第５問(20)	ア	⑤	2
	イ，ウ，エ	②，⑥，⑦	2
	オ	①	1
	カ	②	2
	キ	2	1
	ク$\sqrt{\text{ケコ}}$	$2\sqrt{15}$	2
	サシ	15	3
	ス$\sqrt{\text{セソ}}$	$3\sqrt{15}$	2
	$\frac{\text{タ}}{\text{チ}}$	$\frac{4}{5}$	2
	$\frac{\text{ツ}}{\text{テ}}$	$\frac{5}{3}$	3

令和３年度 大学入学共通テスト

第１問〔１〕数と式

まずは大問の全体像をつかむ

第１問の〔１〕は絶対値付きの１次不等式の問題です。問題文は長くないので，さっと読んで，解き始めましょう。

〔１〕 a，bを定数とするとき，xについての不等式

$$|ax-b-7|<3 \quad \cdots\cdots\cdots ①$$

を考える。

(1) $a=-3$，$b=-2$とする。①を満たす整数全体の集合をPとする。この集合Pを，要素を書き並べて表すと

$$P=\{\boxed{\text{アイ}},\ \boxed{\text{ウエ}}\}$$

となる。ただし，［アイ］，［ウエ］の解答の順序は問わない。

(2) $a=\dfrac{1}{\sqrt{2}}$とする。

(i) $b=1$のとき，①を満たす整数は全部で［オ］個である。

(ii) ①を満たす整数が全部で$\left(\boxed{\text{オ}}+1\right)$個であるような正の整数$b$のうち，最小のものは［カ］である。

STEP 2 誘導に沿って，問題を解く

難易度 ふつう

〔1〕 a，b を定数とするとき，x についての不等式

絶対値付きの１次不等式の問題

$$|ax-b-7|<3 \quad \cdots\cdots ①$$

を考える。

(1) $a=-3$，$b=-2$ とする。① を満たす整数全体の集合を P とする。この集合 P を，要素を書き並べて表すと

具体的な数値が与えられている

$P=\{$ アイ，ウエ $\}$

となる。ただし，アイ，ウエ の解答の順序は問わない。

MOVIE 24

着眼点

絶対値の付いた不等式を素早く処理することがポイントである。

FOR YOUR INFORMATION

絶対値の外し方

$a>0$ のとき

$|x|=a \Leftrightarrow x=\pm a$

$|x|<a \Leftrightarrow -a<x<a$

$|x|>a \Leftrightarrow x<-a,\ a<x$

解き方

$a=-3$, $b=-2$ を①に代入する。⟵ まずは代入

$$|-3x-5|<3$$
$$\iff |3x+5|<3$$

−でくくって絶対値の中身をわかりやすくする

$$\iff -3<3x+5<3$$

⟵ 絶対値を外す

$$\iff -\frac{8}{3}<x<-\frac{2}{3}$$

$-\frac{8}{3}$ → −2.66……　$-\frac{2}{3}$ → −0.66……

よって，

$P=\{\boxed{-2},\ \boxed{-1}\}$

アイ　ウエ

あるいは，

$P=\{\boxed{-1},\ \boxed{-2}\}$

アイ　ウエ

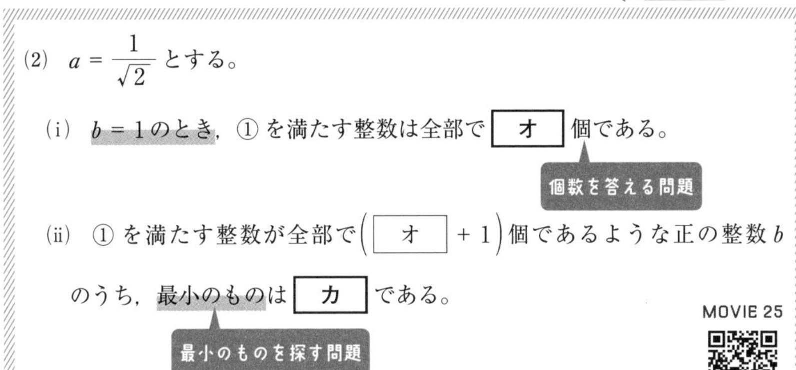

着眼点

» (i)で $b=1$ の場合の解の個数を求めており，(ii)では，$b=1$ の場合よりも解の個数が1つ多くなるような，b の最小の値を求めている。

→(i)を使えないか考えよう

この場合，①の式を b が含まれたまま式変形すると，煩雑で時間がかかってしまう。

$b=2$，3と代入して求めたほうが，速く，正確に解を求めることができる。

解き方

» (i)

$a=\frac{1}{\sqrt{2}}$，$b=1$ を①に代入する。

$$\left|\frac{1}{\sqrt{2}}x-8\right|<3$$

$$\iff \quad -3<\frac{1}{\sqrt{2}}x-8<3$$

$$\iff \quad 5\sqrt{2}<x<11\sqrt{2}$$

$$\iff \quad \sqrt{50}<x<\sqrt{242}$$

$7<\sqrt{50}<8$，$15<\sqrt{242}<16$ より

→$16^2=256$ を覚えておくと速い

$$8 \leqq x \leqq 15$$

よって，①を満たす整数は8から15の整数で，その個数は

$$15-8+1=8$$

→個数を答えるので，＋1する

よって，$\boxed{8}$個
オ

≫ (ii)

①を満たす整数が 9 個であるような b を考える。

時間短縮の工夫をする
(i)で $b=1$ のとき $\boxed{\text{オ}}$ 個だったのだから，1 に近い値を順に代入してみることを考える

$\underline{b=2}$ のとき，

$$\left|\frac{1}{\sqrt{2}}x-9\right|<3$$

$$\iff \quad -3<\frac{1}{\sqrt{2}}x-9<3$$

$$\iff \quad 6<\frac{1}{\sqrt{2}}x<12$$

$$\iff \quad \sqrt{72}<x<\sqrt{288}$$

$\to 8<\sqrt{72}<9$　$\to 16<\sqrt{288}<17$

このとき，解の個数は，

$$16-9+1=8 \text{ 個}$$

よって，不適。

$b=2$ が不適だったので，$b=3$ で考えてみる。

$\underline{b=3}$ のとき，

$$\left|\frac{1}{\sqrt{2}}x-10\right|<3$$

$$\iff \quad -3<\frac{1}{\sqrt{2}}x-10<3$$

$$\iff \quad 7<\frac{1}{\sqrt{2}}x<13$$

$$\iff \quad \sqrt{98}<x<\sqrt{338}$$

$\to 9<\sqrt{98}<10$　$\to 18<\sqrt{338}<19$

このとき，解の個数は，

$$18-10+1=9 \text{ 個}$$

よって，$b=\boxed{3}$のとき，
カ

解の個数は 9 個となる。

時間短縮になるので，平方数は覚えておこうね！
$11^2=121$，$12^2=144$，$13^2=169$，$14^2=196$，$15^2=225$，
$16^2=256$，$17^2=289$，$18^2=324$，$19^2=361$

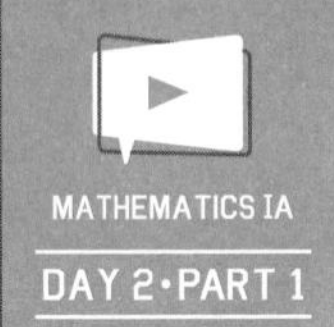

令和３年度 大学入学共通テスト

第１問〔２〕図形と計量

まずは大問の全体像をつかむ

第１問の〔２〕は図形と計量の問題です。問題文をさっと見ると，コンピュータによるシミュレーションの図と，太郎さんの考察文が出てきます。また，問題文が長いのも特徴です。

ヒントになっていることも多い

〔２〕 平面上に２点 A，B があり，AB = 8 である。直線 AB 上にない点 P をとり，△ABP をつくり，その外接円の半径を R とする。

太郎さんは，図１のように，コンピュータソフトを使って点 P をいろいろな位置にとった。

図１は，点 P をいろいろな位置にとったときの △ABP の外接円をかいたものである。

(1) 太郎さんは，点 P のとり方によって外接円の半径が異なることに気づき，次の**問題１**を考えることにした。

問題１ 点 P をいろいろな位置にとるとき，外接円の半径 R が最小となる △ABP はどのような三角形か。

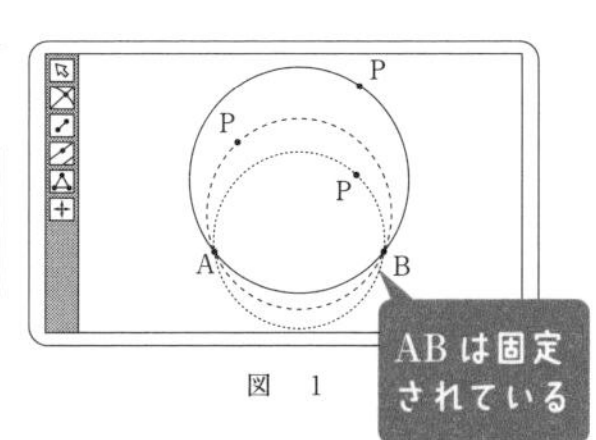

図　1

(2) 太郎さんは，図２のように，**問題１**の点 P のとり方に条件を付けて，次の**問題２**を考えた。

問題２ 直線 AB に平行な直線を ℓ とし，直線 ℓ 上で点 P をいろいろな位置にとる。このとき，外接円の半径 R が最小となる △ABP はどのような三角形か。

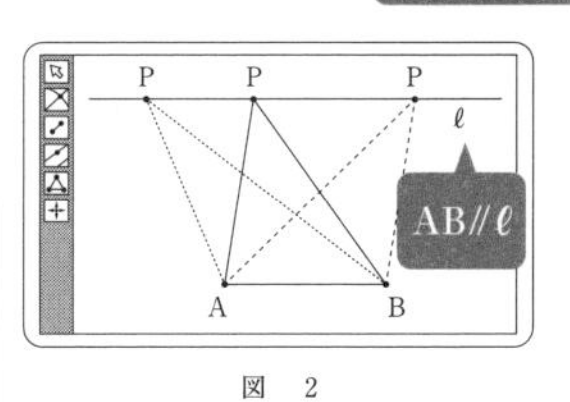

図　2

大切なことは，「問題文を素早く読解し，数学的に考えなおすこと」です。時間に限りがあるので，ダラダラと読むのではなく，ポイントをつかみながら，数学的な理解を心がけて解くことが大切な問題です。

誘導に沿って，問題を解く

難易度　やさしい

〔2〕 平面上に2点A，Bがあり，AB = 8である。直線AB上にない点Pをとり，△ABPをつくり，その外接円の半径をRとする。

太郎さんは，図1のように，コンピュータソフトを使って点Pをいろいろな位置にとった。

図1は，点Pをいろいろな位置にとったときの△ABPの外接円をかいたものである。

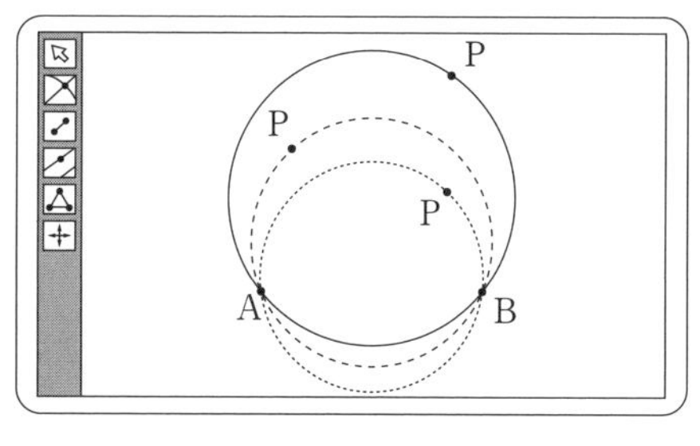

図　1

(1) 太郎さんは，点Pのとり方によって外接円の半径が異なることに気づき，次の**問題1**を考えることにした。

外接円の半径→正弦定理

問題1 点Pをいろいろな位置にとるとき，外接円の半径Rが最小となる△ABPはどのような三角形か。

正弦定理により，$2R = \dfrac{\boxed{\text{キ}}}{\sin\angle\text{APB}}$ である。よって，Rが最小となるのは$\angle\text{APB} = \boxed{\text{クケ}}^\circ$の三角形である。このとき，$R = \boxed{\text{コ}}$である。

MOVIE 26

着眼点

» 外接円の半径なので，正弦定理（第１日程第１問〔２〕参照）を考える。

解き方

正弦定理より，

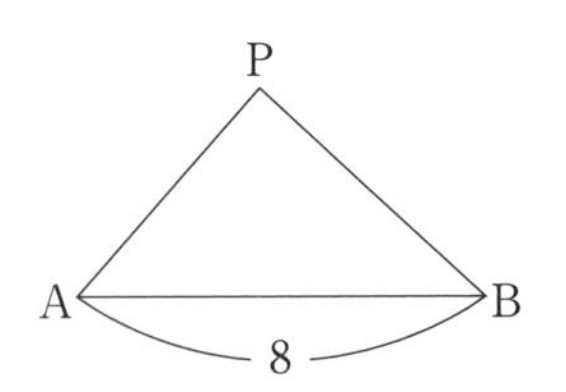

$$2R=\frac{\boxed{8}_{\text{キ}}}{\sin\angle \mathrm{APB}}$$

R が最小になるのは，

$\sin\angle\mathrm{APB}$ の値が最大になるときなので

$\angle\mathrm{APB}=\boxed{90}^\circ$ の三角形である。
クケ

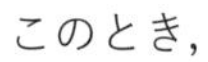

このとき，

$$2R=\frac{8}{1}$$

$$R=\boxed{4}$$
コ

(2) 太郎さんは，図2のように，**問題1**の点Pのとり方に条件を付けて，次の**問題2**を考えた。

> **問題2** 直線ABに平行な直線をℓとし，直線ℓ上で点Pをいろいろな位置にとる。このとき，外接円の半径Rが最小となる△ABPはどのような三角形か。

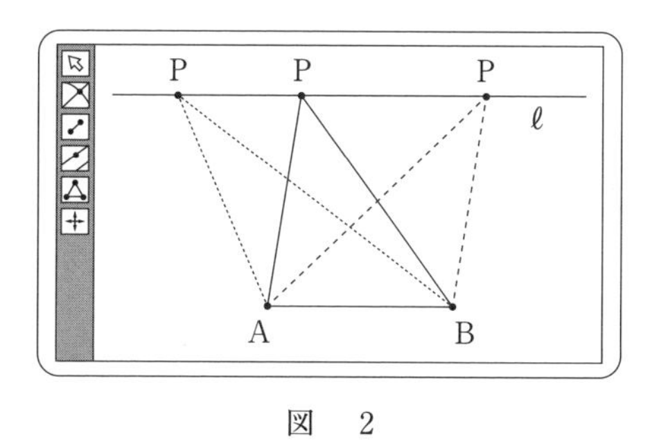

図 2

太郎さんは，この問題を解決するために，次の構想を立てた。

問題2の解決の構想

問題1の考察から，線分ABを直径とする円をCとし，円Cに着目する。直線ℓは，その位置によって，円Cと共有点をもつ場合ともたない場合があるので，それぞれの場合に分けて考える。

線分AB，円C，直線ℓを図示していこう

直線ABと直線ℓとの距離をhとする。直線ℓが円Cと共有点をもつ場合は，$h \leqq$ **サ** のときであり，共有点をもたない場合は，$h >$ サ のときである。

MOVIE 27

着眼点

»「問題2の解決の構想」の文章を読解し，図にすることが大切である。

ℓ：円Cとの共有点0個

ℓ：円Cとの共有点1個

ℓ：円Cとの共有点2個

A B

8

円C

解き方

円Cの半径は4なので，

$h \leqq \boxed{4}$のとき，共有点をもつ。
サ

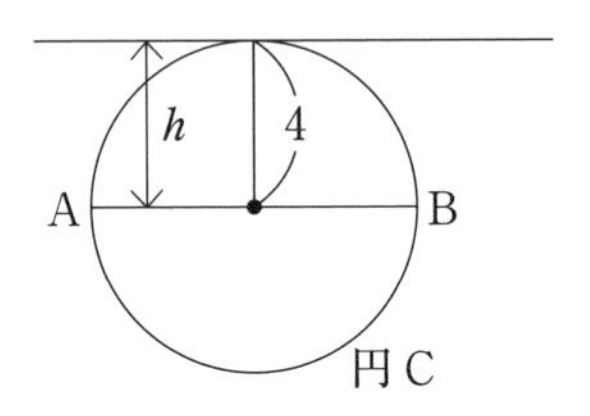

(i) $h \leqq$ サ のとき

直線ℓが円Cと共有点をもつので，Rが最小となる△ABPは，$h <$ サ のとき シ であり，$h =$ サ のとき直角二等辺三角形である。

三角形の形状を答える問題

(ii) $h >$ サ のとき

線分ABの垂直二等分線をmとし，直線mと直線ℓとの交点をP_1とする。直線ℓ上にあり点P_1とは異なる点をP_2とするとき$\sin\angle AP_1B$と$\sin\angle AP_2B$の大小を考える。

$\triangle ABP_2$の外接円と直線mとの共有点のうち，直線ABに関して点P_2と同じ側にある点をP_3とすると，$\angle AP_3B$ ス $\angle AP_2B$である。

大小関係を答える問題

また，$\angle AP_3B < \angle AP_1B < 90°$より$\sin\angle AP_3B$ セ $\sin\angle AP_1B$である。このとき

大小関係を答える問題

($\triangle ABP_1$の外接円の半径) ソ ($\triangle ABP_2$の外接円の半径)

であり，Rが最小となる△ABPは タ である。

三角形の形状を答える問題

シ ， タ については，最も適当なものを，次の⓪～④のうちから一つずつ選べ。ただし，同じものを繰り返し選んでもよい。

⓪ 鈍角三角形　① 直角三角形　② 正三角形
③ 二等辺三角形　④ 直角二等辺三角形

ス ～ ソ の解答群(同じものを繰り返し選んでもよい。)

⓪ <　① ＝　② >

MOVIE 27

着眼点

≫(ii)($h>4$ のとき)のリード文を読解し，図示する。

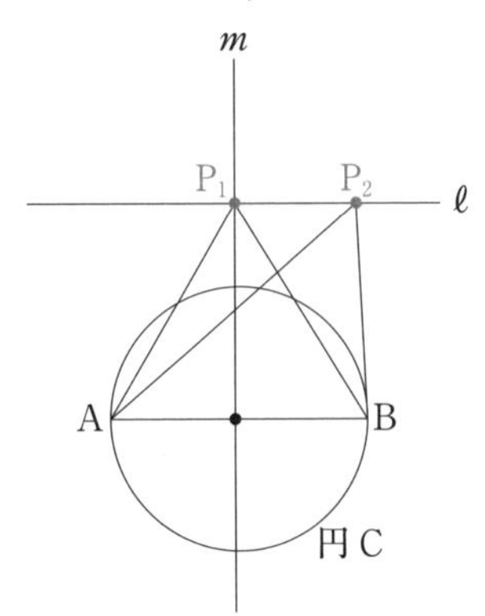

解き方

≫(i)　$h \leqq 4$ のとき，

(1)と同様に，

$$2R=\frac{AB}{\sin\angle APB}$$ より，

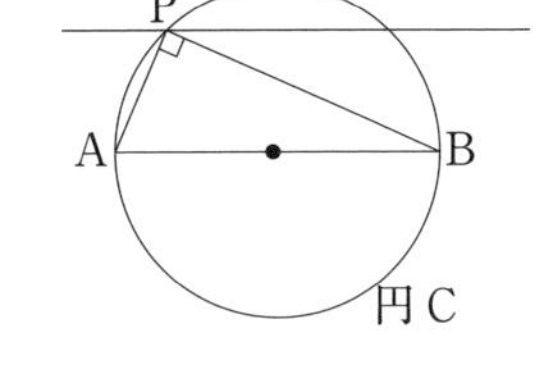

$\sin\angle APB$ が最大のとき，半径は最小となる。

よって，$\triangle APB$ は直角三角形となる。

[①]があてはまる。
シ

(ii)　$h>4$ のとき，

点 P_2 と点 P_3 は同一円周上にあり，

円周角の定理より，

$\angle AP_2B=\angle AP_3B$ である。

→弧 AB の円周角

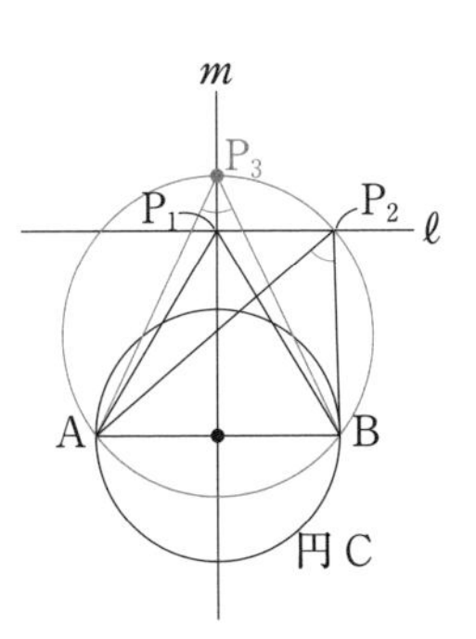

よって，[①]があてはまる。
ス

また，$\angle AP_3B<\angle AP_1B$ より，

$$\sin\angle AP_3B<\sin\angle AP_1B$$

よって，[⓪]があてはまる。
セ

$\triangle ABP_2$ の外接円の半径と $\triangle ABP_3$ の外接円の半径は同じであり，$\angle AP_3B < \angle AP_1B < 90^\circ$ なので，

$\triangle ABP_1$ の外接円の半径 $<$ $\triangle ABP_2$ の外接円の半径

よって，⓪があてはまる。
ソ

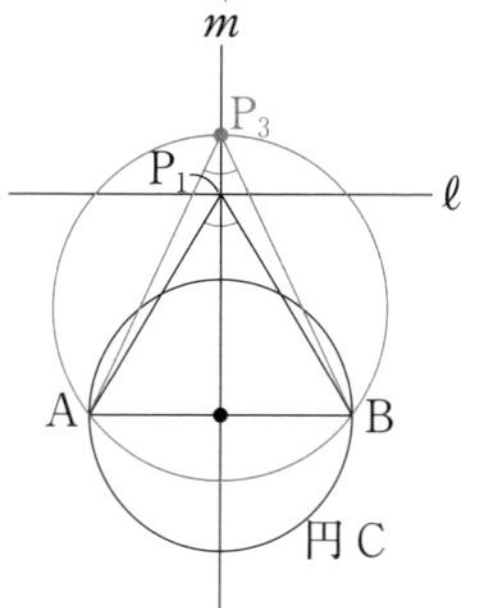

≫ R が最小となる $\triangle ABP$ は，点 P が線分 AB の垂直二等分線上にあるときなので，$\triangle ABP$ は，二等辺三角形である。

よって，③があてはまる。← $\angle APB$ は鋭角なので直角二等辺三角形ではない
タ

(3) **問題2**の考察を振り返って，$h=8$のとき，△ABPの外接円の半径Rが最小である場合について考える。このとき，$\sin\angle APB = \dfrac{\boxed{\text{チ}}}{\boxed{\text{ツ}}}$であり，$R=\boxed{\text{テ}}$である。

hは直線ABと直線ℓとの距離

このとき点Pがどこにあるか考える

MOVIE 28

着眼点

» この問題でも，問題文を読解し，図示することが大切である。

» また，この問題ではsin∠APBを用いるという誘導があるが，この誘導に従う場合でも「①面積で方程式を立てる方法」，「②余弦定理を用いる方法」の2つの解き方がある。また，数学Ⅱを履修している場合は，「③倍角公式を用いる方法」でもよい。さらに，Rを求めるだけであれば，「④図形の性質を用いる方法」もある。

» 大切なことは，より速く，正確に解ける方法を選択することである。

解き方

» ①面積で方程式を立てる方法

三平方の定理より，

$AP^2=4^2+8^2$なので，

$$AP=4\sqrt{5}$$

△APBの面積を考えると，

→$\sin\theta$を使った面積公式（第1日程第1問〔2〕参照）

$$\frac{1}{2}\cdot 4\sqrt{5}\cdot 4\sqrt{5}\cdot\sin\angle APB = 8\times 8\times\frac{1}{2}$$

ゆえに，$\sin\angle APB=\dfrac{\boxed{4}_{チ}}{\boxed{5}_{ツ}}$

$$2R=\frac{8}{\sin\angle APB}\text{より，}$$

$$R=\boxed{5}_{テ}$$

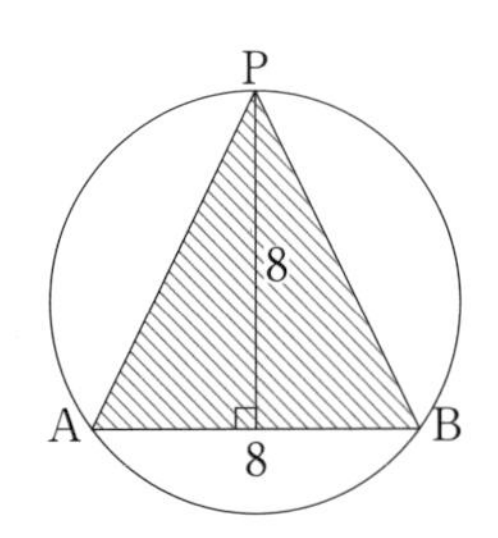

≫ ②余弦定理を用いる方法

$AP^2=4^2+8^2$ より，

$$AP=4\sqrt{5}$$

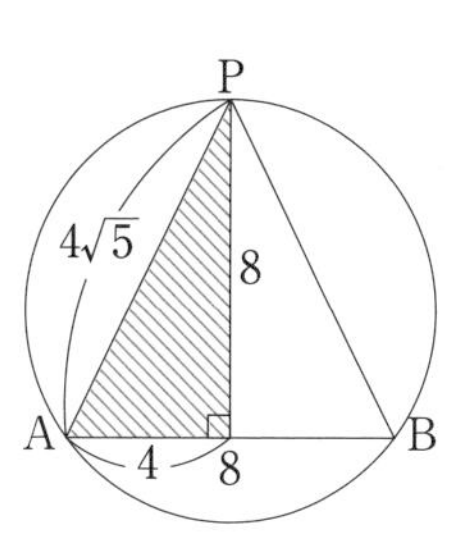

△APB にて，余弦定理より，
↳第1日程第1問〔2〕参照

$$\cos\angle APB=\frac{AP^2+BP^2-AB^2}{2\cdot AP\cdot BP}$$

$$=\frac{(4\sqrt{5})^2+(4\sqrt{5})^2-8^2}{2\cdot 4\sqrt{5}\cdot 4\sqrt{5}}$$

$$=\frac{3}{5}$$

$0^\circ<\angle APB<180^\circ$ より，

$\sin^2\theta+\cos^2\theta=1$ を用いた

$$\sin\angle APB=\frac{\boxed{4}_{チ}}{\boxed{5}_{ツ}}$$

$2R=\dfrac{8}{\sin\angle APB}$ より，

$$R=\boxed{5}_{テ}$$

≫ ③倍角公式を用いる方法

数学Ⅱを履修している人向けだよ！

$\angle APB=\theta$ とする。

$$\sin\theta=\frac{1}{\sqrt{5}}$$

$$\cos\theta=\frac{2}{\sqrt{5}}$$

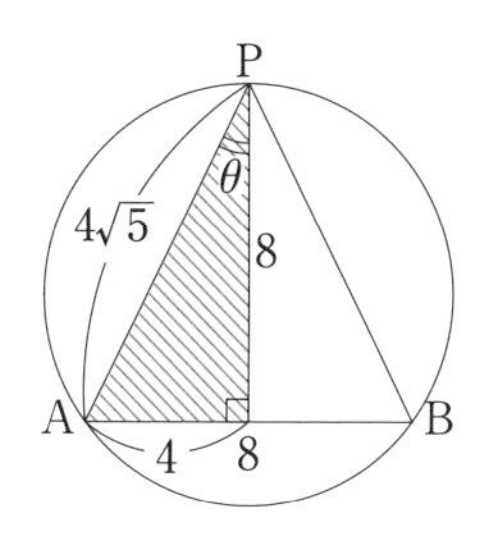

$$\sin\angle APB=\sin 2\theta$$

$$=2\sin\theta\cos\theta$$

$$=2\times\frac{1}{\sqrt{5}}\times\frac{2}{\sqrt{5}}$$

$$=\frac{\boxed{4}_{チ}}{\boxed{5}_{ツ}}$$

≫ ④図形の性質を用いる方法

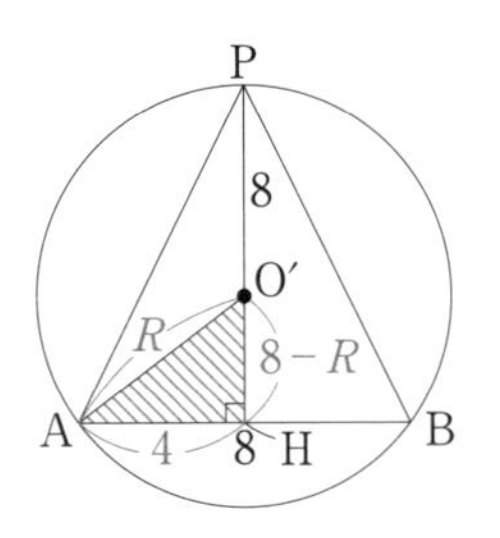

O′ を △APB の外接円の中心とし，O′ から線分 AB にのばした垂線と線分 AB との交点を H とする。

△O′AH で三平方の定理より，

$$4^2 + (8-R)^2 = R^2$$

$$\Longleftrightarrow \quad 16 + 64 = 16R$$

$$\Longleftrightarrow \quad R = \boxed{5}_{テ}$$

問題を解くときは，様々な解法の中から，
速く，正確に解ける方法を選ぼうね！

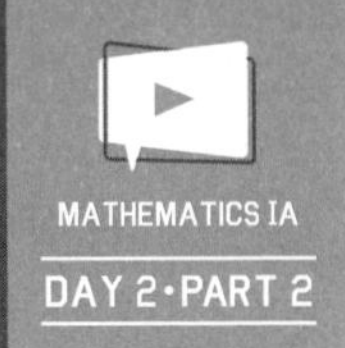

令和3年度 大学入学共通テスト

第2問〔1〕2次関数

まずは大問の全体像をつかむ

第２問の〔１〕は，日常を題材とした１次関数，２次関数の問題です。たこ焼きの１皿あたりの価格と売り上げ数の関係を数学的に表す問題のようです。

〔１〕 花子さんと太郎さんのクラスでは，文化祭でたこ焼き店を出店することになった。二人は１皿あたりの価格をいくらにするかを検討している。次の表は，過去の文化祭でのたこ焼き店の売り上げデータから，１皿あたりの価格と売り上げ数の関係をまとめたものである。

関数の問題と，思いつく

１皿あたりの価格(円)	200	250	300
売り上げ数(皿)	200	150	100

(2)，(3)では，利益の求め方や，利益を最大にする場合を考えているようです。

(2) 次に，二人は，利益の求め方について考えた。

花子：利益は，売り上げ金額から必要な経費を引けば求められるよ。
太郎：売り上げ金額は，１皿あたりの価格と売り上げ数の積で求まるね。
花子：必要な経費は，たこ焼き用器具の賃貸料と材料費の合計だね。材料費は，売り上げ数と１皿あたりの材料費の積になるね。

利益の求め方の説明になっている

(3) 太郎さんは利益を最大にしたいと考えた。② を用いて考えると，利益が最大になるのは１皿あたりの価格が［クケコ］円のときであり，そのときの利益は［サシスセ］円である。

日常を題材にしていますが，関数の最大・最小の問題であろうと予想しながら解けるとよいでしょう。

誘導に沿って，問題を解く

難易度 やさしい

〔1〕 花子さんと太郎さんのクラスでは，文化祭でたこ焼き店を出店することになった。二人は1皿あたりの価格をいくらにするかを検討している。次の表は，過去の文化祭でのたこ焼き店の売り上げデータから，1皿あたりの価格と売り上げ数の関係をまとめたものである。

1皿あたりの価格(円)	200	250	300
売り上げ数(皿)	200	150	100

(1) まず，二人は，上の表から，1皿あたりの価格が50円上がると売り上げ数が50皿減ると考えて，売り上げ数が1皿あたりの価格の1次関数で表されると仮定した。このとき，1皿あたりの価格を x 円とおくと，売り上げ数は

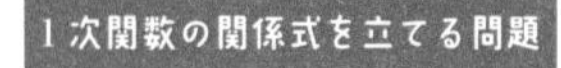

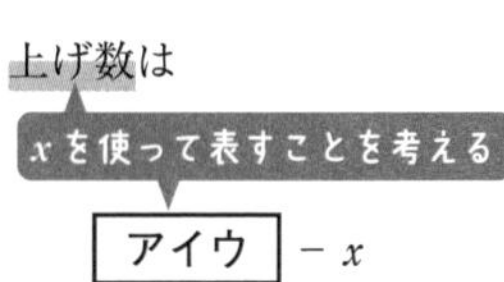

[アイウ] $-x$ ……………………………… ①

と表される。

MOVIE 29

着眼点

1皿あたりの価格と売り上げ数の関係に着目し，素早く1次関数の関係式を立てられたかがポイントである。

解き方

1皿あたりの価格を x 円，売り上げ数を z 皿とする。

表より，

$x+z=400$

→200＋200＝250＋150＝300＋100＝400 となっていることが読み取れる

よって， $z=\boxed{400}-x$ （アイウ）

価格を上げたら，売り上げが下がるのはイメージしやすいよね！

(2) 次に，二人は，利益の求め方について考えた。

文章を式に置きかえてみる

花子：利益は，売り上げ金額から必要な経費を引けば求められるよ。

太郎：売り上げ金額は，1皿あたりの価格と売り上げ数の積で求まるね。

花子：必要な経費は，たこ焼き用器具の賃貸料と材料費の合計だね。
材料費は，売り上げ数と1皿あたりの材料費の積になるね。

二人は，次の三つの条件のもとで，1皿あたりの価格 x を用いて利益を表すことにした。

（条件1） 1皿あたりの価格が x 円のときの売り上げ数として ① を用いる。

(1)で求めた式を使う

（条件2） 材料は，① により得られる売り上げ数に必要な分量だけ仕入れる。

（条件3） 1皿あたりの材料費は160円である。たこ焼き用器具の賃貸料は6000円である。材料費とたこ焼き用器具の賃貸料以外の経費はない。

利益を y 円とおく。y を x の式で表すと

$$y = -x^2 + \boxed{\text{エオカ}}\,x - \boxed{\text{キ}} \times 10000 \quad \cdots\cdots\cdots\cdots\cdots\cdots\cdots\cdots ②$$

MOVIE 30

である。

着眼点

≫ 会話文と条件を素早く読解し，利益の求め方を数学的に理解することが重要である。

利益 = 売り上げ金額 − 必要な経費

（条件1）に注目　（条件2・3）に注目

解き方

利益は下の式で求められるので

利益 = 売り上げ金額 − 必要な経費

$$y = xz - (160z + 6000)$$

（z：$400-x$，$160z$：材料費，6000：固定費）

$$= x(400-x) - 160(400-x) - 6000$$

$$= -x^2 + 560x - 70000$$

$$= -x^2 + \boxed{560}\,x - \boxed{7} \times 10000$$

（560：エオカ，7：キ）

(3) 太郎さんは利益を最大にしたいと考えた。② を用いて考えると，利益が最大になるのは1皿あたりの価格が **クケコ** 円のときであり，そのときの利益は **サシスセ** 円である。

MOVIE 31

着眼点

» 利益を最大にしたいので，②の2次関数の最大を考える。

解き方

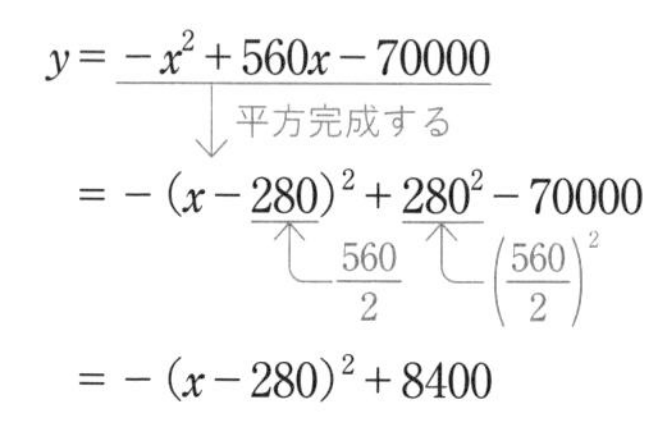

$$y=-x^2+560x-70000$$

（平方完成する）

$$=-(x-280)^2+280^2-70000$$

$\left(280 \leftarrow \frac{560}{2},\ 280^2 \leftarrow \left(\frac{560}{2}\right)^2\right)$

$$=-(x-280)^2+8400$$

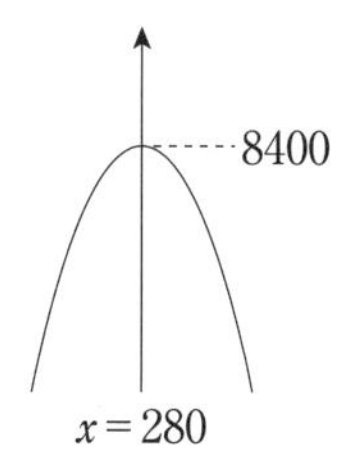

よって，

280（クケコ）円のとき8400（サシスセ）円の利益がでる。

FOR YOUR INFORMATION

平方完成

$y=ax^2+bx+c$ の式を
$y=a(x-p)^2+q$ の形にすること
→2次関数のグラフの頂点が求まる

難易度 やさしい

(4) 花子さんは，利益を7500円以上となるようにしつつ，できるだけ安い価格で提供したいと考えた。② を用いて考えると，利益が7500円以上となる1皿あたりの価格のうち，最も安い価格は **ソタチ** 円となる。

y

x

MOVIE 32

着眼点

≫ 利益が7500円以上となるようにしつつ，できるだけ安くするためには，② の2次関数の y の値が7500円以上になればよいということである。

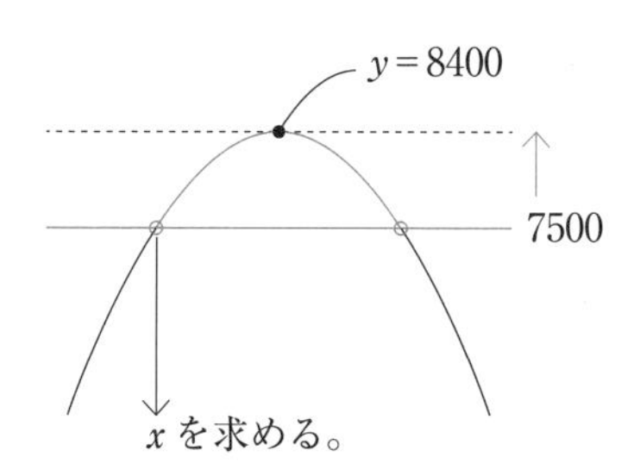

解き方

$y \geqq 7500$ なので

$$-x^2+560x-70000 \geqq 7500$$

$$\iff \quad x^2-560x+77500 \leqq 0$$

$$\iff \quad (x-250)(x-310) \leqq 0$$

よって，

$$250 \leqq x \leqq 310$$

ゆえに，最も安い価格は，250 円である。
ソタチ

因数分解の工夫

10を仮に a とおいて，桁数を減らす工夫をしてみる

$x^2-56ax+775a^2 \rightarrow (x-25a)(x-31a)$

a をもどして　　$(x-250)(x-310)$

としてもよい

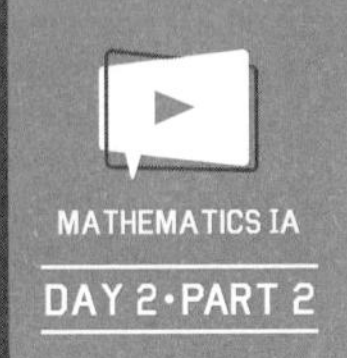

令和３年度 大学入学共通テスト

第2問〔2〕データの分析

まずは大問の全体像をつかむ

第２問の〔２〕はデータの分析に関する問題です。問題をさっと見てみると，(1)は，散布図を読み取り，正誤を判別する問題です。(2)では平均値を求める数式が，(3)では分散を求める数式が与えられているのがわかります。

〔２〕 総務省が実施している国勢調査では都道府県ごとの総人口が調べられており，その内訳として日本人人口と外国人人口が公表されている。また，外務省では旅券(パスポート)を取得した人数を都道府県ごとに公表している。加えて，文部科学省では都道府県ごとの小学校に在籍する児童数を公表している。

そこで，47都道府県の，人口１万人あたりの外国人人口(以下，外国人数)，人口１万人あたりの小学校児童数(以下，小学生数)，また，日本人１万人あたりの旅券を取得した人数(以下，旅券取得者数)を，それぞれ計算した。

(1) 図１は，2010年における47都道府県の，旅券取得者数(横軸)と小学生数(縦軸)の関係を黒丸で，また，旅券取得者数(横軸)と外国人数(縦軸)の関係を白丸で表した散布図である。

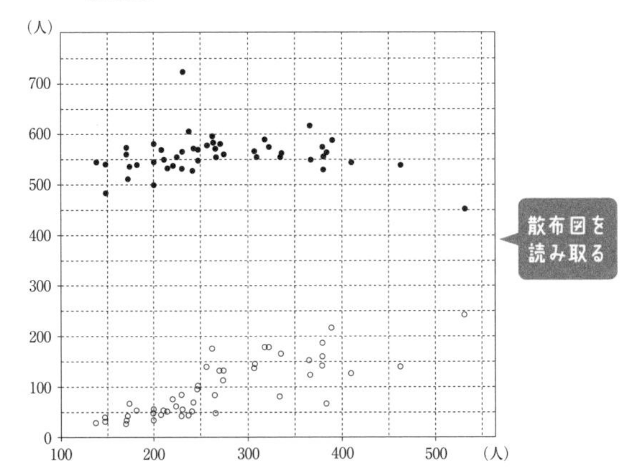

図１ 2010年における，旅券取得者数と小学生数の散布図(黒丸)，
旅券取得者数と外国人数の散布図(白丸)

(出典：外務省，文部科学省および総務省のWebページにより作成)

(2) 一般に，度数分布表

階級値	x_1	x_2	x_3	x_4	$\cdots$	x_k	計
度数	f_1	f_2	f_3	f_4	$\cdots$	f_k	n

が与えられていて，各階級に含まれるデータの値がすべてその階級値に等しいと仮定すると，平均値 $\bar{x}$ は

平均値を求める式

$$\bar{x} = \frac{1}{n}(x_1f_1 + x_2f_2 + x_3f_3 + x_4f_4 + \cdots + x_kf_k)$$

⋮

(3) 一般に，度数分布表

階級値	x_1	x_2	$\cdots$	x_k	計
度数	f_1	f_2	$\cdots$	f_k	n

が与えられていて，各階級に含まれるデータの値がすべてその階級値に等しいと仮定すると，分散 s^2 は

分散を求める式

$$s^2 = \frac{1}{n}\left\{(x_1 - \bar{x})^2f_1 + (x_2 - \bar{x})^2f_2 + \cdots + (x_k - \bar{x})^2f_k\right\}$$

⋮

データの分析の問題は，データの読み取りが多く出題される傾向がありますが，本問はそういった傾向とは異なる問題だな！　と推測しながら解いていくとよいでしょう。

誘導に沿って，問題を解く

難易度 やさしい

(1) 図1は，2010年における47都道府県の，旅券取得者数(横軸)と小学生数(縦軸)の関係を黒丸で，また，旅券取得者数(横軸)と外国人数(縦軸)の関係を白丸で表した散布図である。

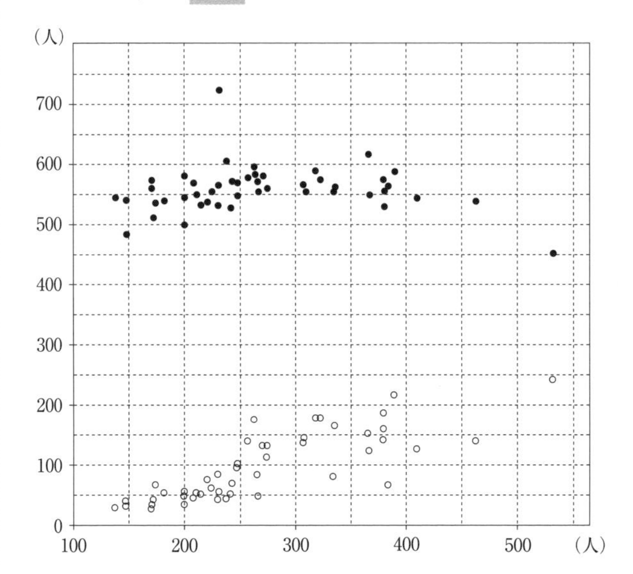

図1　2010年における，旅券取得者数と小学生数の散布図(黒丸)，
旅券取得者数と外国人数の散布図(白丸)

(出典：外務省，文部科学省および総務省のWebページにより作成)

次の(I)，(II)，(III)は図1の散布図に関する記述である。

(I) 小学生数の四分位範囲は，外国人数の四分位範囲より大きい。

(II) 旅券取得者数の範囲は，外国人数の範囲より大きい。

(III) 旅券取得者数と小学生数の相関係数は，旅券取得者数と外国人数の相関係数より大きい。

(I)，(II)，(III)の正誤の組合せとして正しいものは [ツ] である。

[ツ] の解答群　正誤の組合せを答える問題

	⓪	①	②	③	④	⑤	⑥	⑦
(I)	正	正	正	正	誤	誤	誤	誤
(II)	正	正	誤	誤	正	正	誤	誤
(III)	正	誤	正	誤	正	誤	正	誤

MOVIE 33

着眼点

» リード文と散布図を読み取り，素早く情報を整理する。

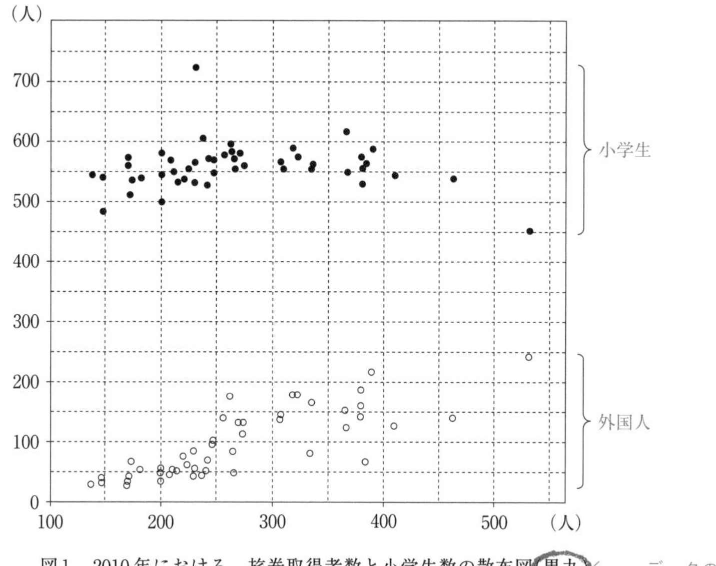

図1　2010年における，旅券取得者数と小学生数の散布図(黒丸)
　　旅券取得者数と外国人数の散布図(白丸)
　　(出典：外務省，文部科学省および総務省のWebページにより作成)

解き方

» (I)

四分位範囲とは，第3四分位数と第1四分位数の差のことである。つまり，散布図を読み取り，データの中央50%の分布の集まり具合いを比較すればよい。

小学生数と外国人数を比較すると，明らかに小学生のほうが点が密集しているので，外国人数の四分位範囲よりも小さい。よって誤りである。(次ページの図を参照)

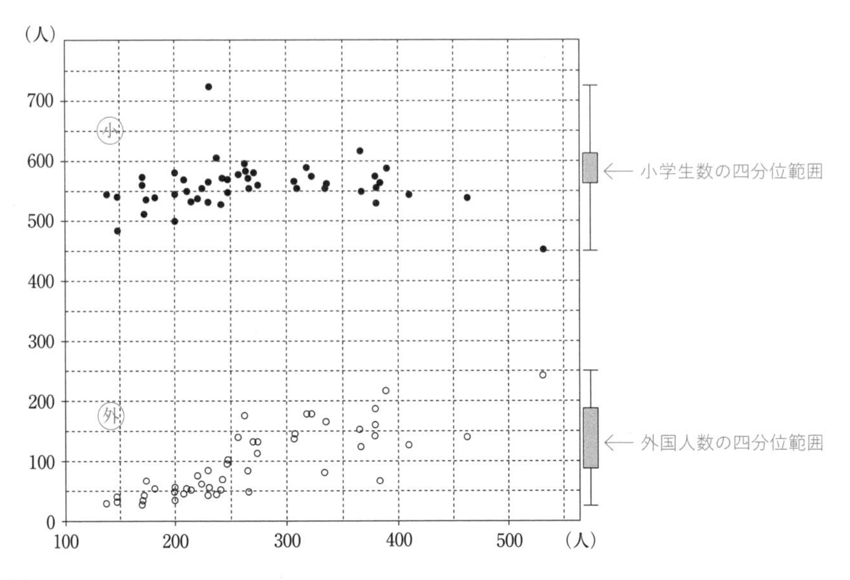

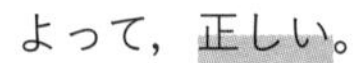

旅券取得者数の範囲は約 400(＝530－130)，外国人数の範囲は約 220(＝250－30)なので，旅券取得者数の範囲のほうが大きい。

よって，正しい。

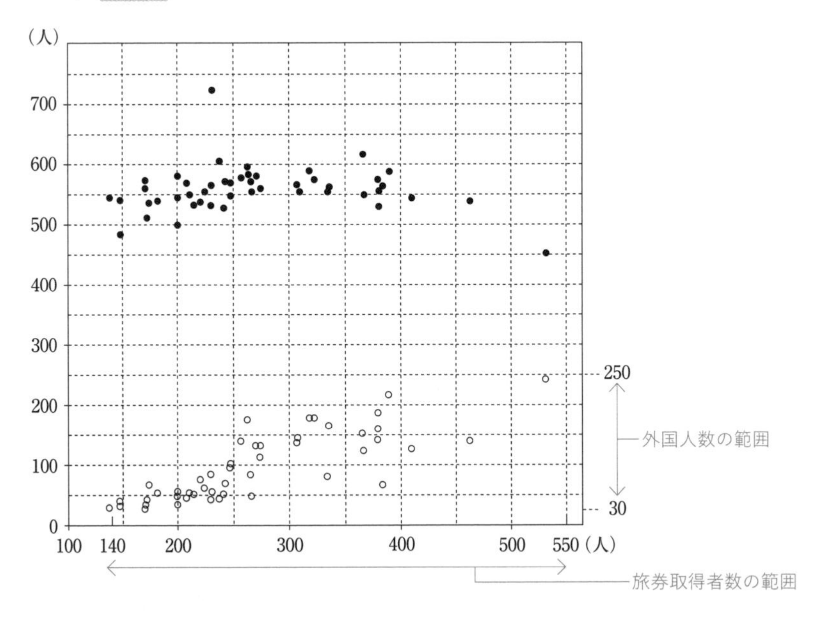

» (Ⅲ)

散布図を見ると，旅券取得者数と小学生数の間には，相関関係は見られないが，旅券取得者数と外国人数の間には，相関関係が見られる。よって，旅券取得者数と小学生数の相関係数は，旅券取得者数と外国人数の相関関係よりも小さくなる。

よって，誤りである。

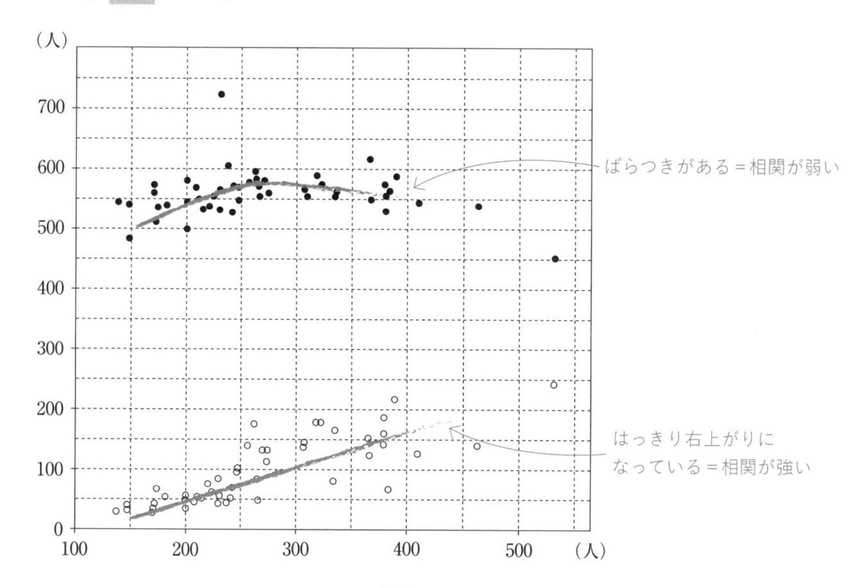

» (Ⅰ)誤り，(Ⅱ)正しい，(Ⅲ)誤りなので，⑤があてはまる。
ツ

(2) 一般に，度数分布表

度数分布表の考え方を問う問題

階級値	x_1	x_2	x_3	x_4	$\cdots$	x_k	計
度数	f_1	f_2	f_3	f_4	$\cdots$	f_k	n

が与えられていて，各階級に含まれるデータの値がすべてその階級値に等しいと仮定すると，平均値 $\bar{x}$ は

一般的な度数分布表の考え方の確認をしている

$$\bar{x} = \frac{1}{n}(x_1f_1 + x_2f_2 + x_3f_3 + x_4f_4 + \cdots + x_kf_k)$$

で求めることができる。さらに階級の幅が一定で，その値が h のときは

$$x_2 = x_1 + h,\ x_3 = x_1 + 2h,\ x_4 = x_1 + 3h,\ \cdots,\ x_k = x_1 + (k-1)h$$

に注意すると

$\bar{x} =$ テ

と変形できる。

テ については，最も適当なものを，次の⓪～④のうちから一つ選べ。

⓪ $\dfrac{x_1}{n}(f_1 + f_2 + f_3 + f_4 + \cdots + f_k)$

① $\dfrac{h}{n}(f_1 + 2f_2 + 3f_3 + 4f_4 + \cdots + kf_k)$

② $x_1 + \dfrac{h}{n}(f_2 + f_3 + f_4 + \cdots + f_k)$

③ $x_1 + \dfrac{h}{n}\{f_2 + 2f_3 + 3f_4 + \cdots + (k-1)f_k\}$

④ $\dfrac{1}{2}(f_1 + f_k)x_1 - \dfrac{1}{2}(f_1 + kf_k)$

MOVIE 34

着眼点

» 階級値，度数，平均値など，データの整理に必要な基本的な用語の定義を理解できているかがポイントである。

FOR YOUR INFORMATION

階級，度数，階級値

階級　：区切られた各区間
度数　：各階級に含まれるデータの値の個数
階級値：各階級の中央の値

平均値の定義

$$\textbf{平均値}=\frac{(\text{各階級の階級値}\times\text{度数})\text{の合計}}{\text{度数の合計}}$$

解き方

問題文より，平均値 $\bar{x}$ は下の式で求められる。

$$\bar{x}=\frac{1}{n}(x_1f_1+x_2f_2+x_3f_3+x_4f_4+\cdots+x_kf_k)$$

$$x_2=x_1+h,\quad x_3=x_1+2h,\quad \cdots,\quad x_k=x_1+(k-1)h$$

を代入すると，

$$\bar{x}=\frac{1}{n}[x_1f_1+(x_1+h)f_2+(x_1+2h)f_3+\cdots+\{x_1+(k-1)h\}f_k]$$

$$=\frac{x_1}{n}\underbrace{(f_1+f_2+f_3+\cdots+f_k)}_{n}+\frac{1}{n}\{hf_2+2hf_3+3hf_4+\cdots+(k-1)hf_k\}$$

$f_1+f_2+f_3+\cdots+f_k=n$ より，

$$\bar{x}=x_1+\frac{h}{n}\{f_2+2f_3+3f_4+\cdots+(k-1)f_k\}$$

よって，③（テ）があてはまる。

図2は，2008年における47都道府県の旅券取得者数のヒストグラムである。なお，ヒストグラムの各階級の区間は，左側の数値を含み，右側の数値を含まない。

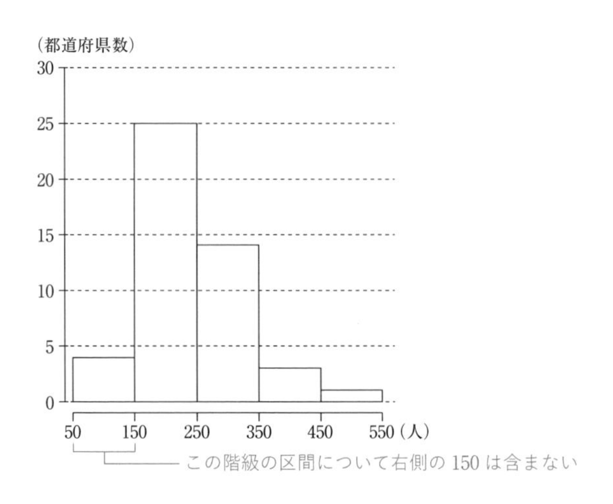

図2　2008年における旅券取得者数のヒストグラム

(出典：外務省のWebページにより作成)

図2のヒストグラムに関して，各階級に含まれるデータの値がすべてその階級値に等しいと仮定する。このとき，平均値 $\bar{x}$ は小数第1位を四捨五入すると **トナニ** である。

平均値を答える

MOVIE 34

着眼点

» 各階級に含まれるデータの値がすべてその階級値に等しいと仮定している。階級値とは，各階級の中央の値なので，それぞれ，100，200，300，400，500 となる。

→階級の幅は 100

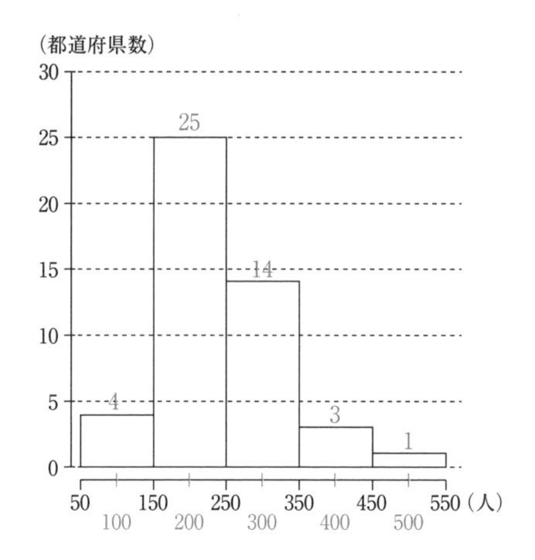

解き方

x_k	100	200	300	400	500	計
f_k	4	25	14	3	1	47

└→度数分布表は，このようにかける

(2)の テ より，

$$\bar{x} = x_1 + \frac{h}{n}\{f_2 + 2f_3 + 3f_4 + \cdots + (k-1)f_k\}$$

階級の幅 $h = 100$ であるから

$$\bar{x} = 100 + \frac{100}{47}(25 + 2\times14 + 3\times3 + 4\times1)$$

$$= 100 + \frac{100}{47}\times66$$

$$\fallingdotseq 240.4$$

よって，平均値 $\bar{x}$ は，小数第1位を四捨五入すると 240 である。
トナニ

(3) 一般に，度数分布表

階級値	x_1	x_2	…	x_k	計
度数	f_1	f_2	…	f_k	n

が与えられていて，各階級に含まれるデータの値がすべてその階級値に等しいと仮定すると，分散 s^2 は

分散を考える

$$s^2 = \frac{1}{n}\left\{(x_1 - \bar{x})^2 f_1 + (x_2 - \bar{x})^2 f_2 + \cdots + (x_k - \bar{x})^2 f_k\right\}$$

で求めることができる。さらに s^2 は

$$s^2 = \frac{1}{n}\left\{(x_1{}^2 f_1 + x_2{}^2 f_2 + \cdots + x_k{}^2 f_k) - 2\bar{x} \times \boxed{ヌ} + (\bar{x})^2 \times \boxed{ネ}\right\}$$

と変形できるので

$$s^2 = \frac{1}{n}(x_1{}^2 f_1 + x_2{}^2 f_2 + \cdots + x_k{}^2 f_k) - \boxed{ノ} \quad \cdots\cdots\cdots\cdots ①$$

である。

ヌ ～ ノ の解答群(同じものを繰り返し選んでもよい。)

⓪ n	① n^2	② $\bar{x}$	③ $n\bar{x}$	④ $2n\bar{x}$
⑤ $n^2\bar{x}$	⑥ $(\bar{x})^2$	⑦ $n(\bar{x})^2$	⑧ $2n(\bar{x})^2$	⑨ $3n(\bar{x})^2$

MOVIE 35

着眼点

» 分散の式を変形する問題である。式変形に着目し，有名な分散の公式を思い出せると，よりスムーズに理解できた問題であるが，誘導が丁寧なので，ひとつひとつ確認すれば解ける問題でもある。

FOR YOUR INFORMATION

分散の公式

分散　$s^2=\frac{1}{n}\{(x_1-\bar{x})^2+(x_2-\bar{x})^2+\cdots\cdots+(x_n-\bar{x})^2\}$

$s^2=\overline{x^2}-(\bar{x})^2$
$s^2=(x^2$ の平均$)-(x$ の平均$)^2$

解き方

$$s^2=\frac{1}{n}\{\underbrace{(x_1-\bar{x})^2f_1}_{Ⓐ}+\underbrace{(x_2-\bar{x})^2f_2}_{Ⓑ}+\cdots+(x_k-\bar{x})^2f_k\}$$

$$=\frac{1}{n}\{(x_1{}^2f_1+x_2{}^2f_2+\cdots+x_k{}^2f_k)-2\bar{x}\times\boxed{ヌ}+(\bar{x})^2\times\boxed{ネ}\}$$

各式を個別に考える。

Ⓐの式

$$(x_1-\bar{x})^2f_1$$
$$=x_1{}^2f_1-2\bar{x}\times x_1f_1+(\bar{x})^2f_1$$

Ⓑの式

$$(x_2-\bar{x})^2f_2$$
$$=x_2{}^2f_2-2\bar{x}\times x_2f_2+(\bar{x})^2f_2$$

ヌ に入る式は，□から

$$2\bar{x}\times(x_1f_1+x_2f_2+x_3f_3+\cdots+x_kf_k)$$
$$=2\bar{x}\times n\times\frac{x_1f_1+x_2f_2+x_3f_3+\cdots+x_kf_k}{n}$$ $=\bar{x}$ なので，
$$=2\bar{x}\times n\times\bar{x}$$
$$=2\bar{x}\times n\bar{x}$$

よって，③がヌあてはまる。

ネ の式は，

$$(\bar{x})^2\times(f_1+f_2+f_3+\cdots+f_k)$$ $=n$ なので，
$$=(\bar{x})^2\times n$$

よって，ネ は⓪がネあてはまる。

$$s^2 = \frac{1}{n}\{(x_1{}^2 f_1 + x_2{}^2 f_2 + \cdots + x_k{}^2 f_k) - 2\bar{x} \times n\bar{x} + (\bar{x})^2 \times n\}$$

$\hookrightarrow -2(\bar{x})^2 \times n$

$$= \frac{1}{n}(x_1{}^2 f_1 + x_2{}^2 f_2 + \cdots + x_k{}^2 f_k) - (\bar{x})^2$$

よって，⑥があてはまる。

図3は，図2を再掲したヒストグラムである。

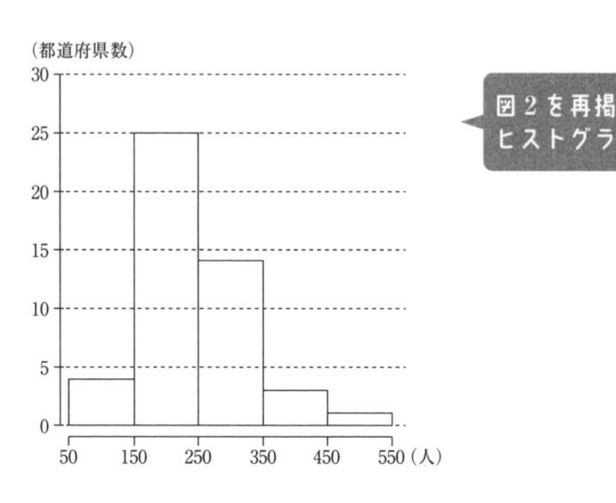

図3　2008年における旅券取得者数のヒストグラム

(出典：外務省のWebページにより作成)

図3のヒストグラムに関して，各階級に含まれるデータの値がすべてその階級値に等しいと仮定すると，平均値 $\bar{x}$ は(2)で求めた［トナニ］である。［トナニ］の値と式①を用いると，分散 s^2 は［ハ］である。

分散を求める

［ハ］については，最も近いものを，次の⓪～⑦のうちから一つ選べ。

⓪ 3900	① 4900	② 5900	③ 6900
④ 7900	⑤ 8900	⑥ 9900	⑦ 10900

MOVIE 35

着眼点

» 先ほど求めた，$s^2 = (x^2$ の平均$) - (x$ の平均$)^2$ を活用して，数値を求める問題である。

x_k	100	200	300	400	500	
$x_k{}^2$	$1^2 \cdot 100^2$	$2^2 \cdot 100^2$	$3^2 \cdot 100^2$	$4^2 \cdot 100^2$	$5^2 \cdot 100^2$	
f_k	4	25	14	3	1	

$$s^2 = \underbrace{\frac{1}{47}(1\times 4 + 4\times 25 + 9\times 14 + 16\times 3 + 25\times 1)\times 100^2}_{\overline{x^2}} - \underbrace{240^2}_{(\overline{x})^2}$$

$$= \frac{1}{47}\times 303\times 100^2 - 240^2$$

$$\fallingdotseq 6900$$

よって，③があてはまる。
ハ

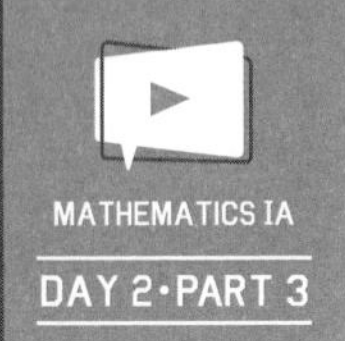

令和３年度 大学入学共通テスト

第3問 場合の数と確率

まずは問題の設定をつかむ

第３問は，場合の数と確率の問題です。さっと目を通して，問題量を把握できたら，リード文を読んで，問題の設定を整理しましょう。

整理のためには，図示が大切

二つの袋A，Bと一つの箱がある。Aの袋には赤球２個と白球１個が入っており，Bの袋には赤球３個と白球１個が入っている。また，箱には何も入っていない。

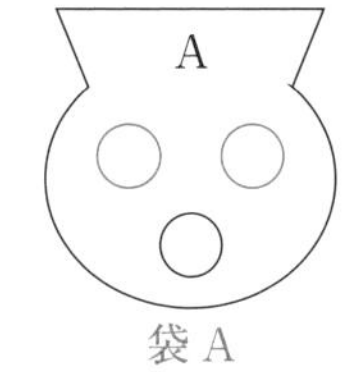

袋A

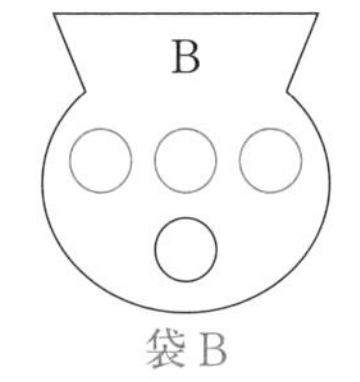

袋B

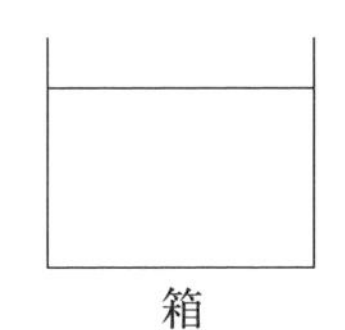

箱

問題文に書かれている情報は，図で表そう。

STEP 2 誘導に沿って，問題を解く

難易度 やさしい

(1) A，Bの袋から球をそれぞれ1個ずつ同時に取り出し，球の色を調べずに箱に入れる。

(i) 箱の中の2個の球のうち少なくとも1個が赤球である確率は $\dfrac{\boxed{アイ}}{\boxed{ウエ}}$ である。

余事象を思い出そう

MOVIE 36

難易度 ふつう

(ii) 箱の中をよくかき混ぜてから球を1個取り出すとき，取り出した球が赤球である確率は $\dfrac{\boxed{オカ}}{\boxed{キク}}$ であり，取り出した球が赤球であったときに，それがBの袋に入っていたものである条件付き確率は $\dfrac{\boxed{ケ}}{\boxed{コサ}}$ である。

条件付き確率の問題

MOVIE 36

着眼点

» (i)では，「少なくとも」というワードに注目し，余事象を用いることを思い出す。

FOR YOUR INFORMATION

余事象

全事象

事象
赤球が
少なくとも
1個

余事象
赤球が
0個

≫(ii)取り出した球が赤であるということは，箱の中に赤球がなければならない。このとき，赤球の数が，1個の場合と，2個の場合があるので，場合分けをして考える。

解き方

≫(i)

「少なくとも1個が赤球である」の余事象は，

「2個とも白球である」なので，求める確率は，

$$1-\frac{{}_1C_1}{{}_3C_1}\times\frac{{}_1C_1}{{}_4C_1}$$

$$=1-\frac{1}{12}$$

$$=\frac{\boxed{11}}{\boxed{12}}$$ アイ / ウエ

≫(ii)

箱の中に赤球が1個の場合に，赤球を取り出す確率

$$\left(\frac{{}_2C_1}{{}_3C_1}\times\frac{{}_1C_1}{{}_4C_1}+\frac{{}_1C_1}{{}_3C_1}\times\frac{{}_3C_1}{{}_4C_1}\right)\times\frac{1}{2}$$

Aから赤球を1個，Bから白球を1個取り出す確率

Bから赤球を1個，Aから白球を1個取り出す確率

赤球と白球のうち赤球を取り出す確率

$$=\left(\frac{2}{12}+\frac{3}{12}\right)\times\frac{1}{2}$$

$$=\frac{5}{24}$$

箱の中に赤球が2個の場合に，赤球を取り出す確率

$$\left(\frac{{}_2C_1}{{}_3C_1}\times\frac{{}_3C_1}{{}_4C_1}\right)\times 1$$

Aから赤球を取り出す確率

Bから赤球を取り出す確率

赤球を取り出す確率

$$=\frac{2}{3}\times\frac{3}{4}$$

$$=\frac{1}{2}$$

よって，箱の中から赤球を取り出す確率は

$$\frac{5}{24}+\frac{1}{2}=\frac{\boxed{17}}{\boxed{24}}$$

オカ キク

≫取り出した球が赤球である事象を X，その赤球がBの袋に入っていたという事象を Y とすると，求める条件付き確率は，$P_X(Y)$ である。

$$P_X(Y)=\frac{P(X\cap Y)}{P(X)}$$

$$P(X\cap Y)=\frac{{}_1C_1}{{}_3C_1}\times\frac{{}_3C_1}{{}_4C_1}\times\frac{1}{2}+\frac{{}_2C_1}{{}_3C_1}\times\frac{{}_3C_1}{{}_4C_1}\times\frac{1}{2}$$

箱の中に赤球が1個あり，その赤球がBから出たもので，その赤球を取り出す確率

箱の中に赤球が2個あり，そこからBから出た赤球を取り出す確率

$$=\frac{1}{8}+\frac{1}{4}$$

$$=\frac{3}{8}$$

$$P_X(Y)=\frac{P(X\cap Y)}{P(X)}$$

$$=\frac{\frac{3}{8}}{\frac{17}{24}}$$

$$=\frac{\boxed{9}}{\boxed{17}}$$

ケ コサ

難易度 ふつう

(2) A，Bの袋から球をそれぞれ2個ずつ同時に取り出し，球の色を調べずに箱に入れる。

(i) 箱の中の4個の球のうち，ちょうど2個が赤球である確率は $\frac{\boxed{シ}}{\boxed{ス}}$ である。また，箱の中の4個の球のうち，ちょうど3個が赤球である確率は $\frac{\boxed{セ}}{\boxed{ソ}}$ である。

MOVIE 37

難易度 やや難

(ii) 箱の中をよくかき混ぜてから球を2個同時に取り出すとき，どちらの球も赤球である確率は $\frac{\boxed{タチ}}{\boxed{ツテ}}$ である。また，取り出した2個の球がどちらも赤球であったときに，それらのうちの1個のみがBの袋に入っていたものである条件付き確率は $\frac{\boxed{トナ}}{\boxed{ニヌ}}$ である。

MOVIE 37

着眼点

» (i) ちょうど2個が赤球である場合は，1つに絞られるが，ちょうど3個が赤球である場合は，場合分けが必要である。

» (ii) 箱の中には，赤球は最低2個入っていなければならない。

» (i)

箱の中の赤球がちょうど2個である確率は,

$$\frac{{}_2C_1\times{}_1C_1}{{}_3C_2}\times\frac{{}_3C_1\times{}_1C_1}{{}_4C_2}$$

$$=\frac{2}{3}\times\frac{1}{2}$$

$$=\frac{\boxed{1}_{\text{シ}}}{\boxed{3}_{\text{ス}}}$$

箱の中の赤球がちょうど3個である確率は,

$$\underbrace{\frac{{}_2C_2}{{}_3C_2}\times\frac{{}_3C_1\times{}_1C_1}{{}_4C_2}}_{\text{Aから赤球2個, Bから赤球1個}}+\underbrace{\frac{{}_2C_1\times{}_1C_1}{{}_3C_2}\times\frac{{}_3C_2}{{}_4C_2}}_{\text{Aから赤球1個, Bから赤球2個}}$$

$$=\frac{1}{6}+\frac{1}{3}$$

$$=\frac{\boxed{1}_{\text{セ}}}{\boxed{2}_{\text{ソ}}}$$

» (ii)

赤球が4個の確率は

$$\frac{{}_2C_2}{{}_3C_2}\times\frac{{}_3C_2}{{}_4C_2}=\frac{1}{6}$$

$$\underbrace{\frac{1}{3}\times\frac{{}_2C_2}{{}_4C_2}}_{\text{箱の中に赤球が2個の場合}}+\underbrace{\frac{1}{2}\times\frac{{}_3C_2}{{}_4C_2}}_{\text{箱の中に赤球が3個の場合}}+\underbrace{\frac{1}{6}\times1}_{\text{箱の中に赤球が4個の場合}}$$

$$=\frac{\boxed{17}_{\text{タチ}}}{\boxed{36}_{\text{ツテ}}}$$

取り出した2個の球がどちらも赤球である事象をX, それらのうち1個のみがBの袋に入っていた事象をZとする。

(ア)　箱の中に赤球が 2 個の場合

$$\frac{1}{3}\times\frac{{}_2C_2}{{}_4C_2}=\frac{1}{18}$$

└シス

(イ)　箱の中に赤球が 3 個の場合

$$\frac{1}{6}\times\frac{{}_2C_1\times{}_1C_1}{{}_4C_2}+\frac{1}{3}\times\frac{{}_1C_1\times{}_2C_1}{{}_4C_2}=\frac{1}{6}$$

(ウ)　箱の中に赤球が 4 個の場合

$$\frac{1}{6}\times\frac{{}_2C_1\times{}_2C_1}{{}_4C_2}=\frac{1}{9}$$

(ア)〜(ウ)より,

$$P(X\cap Z)=\frac{1}{18}+\frac{1}{6}+\frac{1}{9}=\frac{1}{3}$$

$$P_X(Z)=\frac{P(X\cap Z)}{P(X)}=\frac{\frac{1}{3}}{\frac{17}{36}}=\frac{\boxed{12}}{\boxed{17}}$$ トナ / ニヌ

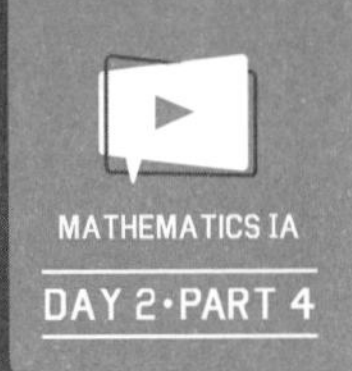

令和３年度 大学入学共通テスト

第4問 整数の性質

まずは大問の全体像をつかむ

第４問は，整数の性質の問題です。

> 正の整数 m に対して
>
> $$a^2 + b^2 + c^2 + d^2 = m,\ a \geqq b \geqq c \geqq d \geqq 0 \quad \cdots\cdots\cdots\cdots ①$$
>
> を満たす整数 a, b, c, d の組がいくつあるかを考える。

さっと目を通しただけでは，概要をつかみにくい問題です。リード文を読めば，4つの平方数の和が正の整数となるときの，a, b, c, d の組み合わせを考える問題ということはわかりますが，それ以上のことはわからないので，誘導に沿って設問を解きながら見ていきましょう。

誘導に沿って，問題を解く

難易度　やさしい

(1)　$m=14$のとき，① を満たす整数a，b，c，dの組(a, b, c, d)は

m=14が与えられている

(ア ， イ ， ウ ， エ)

のただ一つである。

また，$m=28$のとき，① を満たす整数a，b，c，dの組の個数は オ 個である。

m=28を考える

個数を答える問題

MOVIE 38

着眼点

≫ $m=14$ なので，14以下の平方数を書き出して調べる。

解き方

≫ $m=14$ なので，平方数は14以下の場合を考える。

$$(a^2, b^2, c^2, d^2)=(9, 4, 1, 0)$$

→$a \geqq b \geqq c \geqq d \geqq 0$ でなければならない

$$(a, b, c, d)=(\underset{ア}{\boxed{3}}, \underset{イ}{\boxed{2}}, \underset{ウ}{\boxed{1}}, \underset{エ}{\boxed{0}})$$

≫ $m=28$ なので，平方数は28以下の場合を考える。

$$(a^2, b^2, c^2, d^2)=(25, 1, 1, 1),$$
$$(16, 4, 4, 4),$$
$$(9, 9, 9, 1)$$

よって，a，b，c，dの組の個数は$\underset{オ}{\boxed{3}}$個

aは奇数

難易度 ふつう

(2) aが奇数のとき，整数nを用いて$a = 2n + 1$と表すことができる。このとき，$n(n + 1)$は偶数であるから，次の条件がすべての奇数aで成り立つような正の整数hのうち，最大のものは$h =$ [カ] である。

条件：$a^2 - 1$はhの倍数である。

わざわざ条件を示していることに注目

よって，aが奇数のとき，a^2を [カ] で割ったときの余りは1である。

また，aが偶数のとき，a^2を [カ] で割ったときの余りは，0または4のいずれかである。

MOVIE 39

着眼点

「条件：$a^2 - 1$はhの倍数である。」に注目し，リード文に従い情報を整理する。また，「最大のものは」にも注意する。

解き方

$$a^2 - 1 = (a - 1)(a + 1)$$

→条件で与えられた式をnで表せないか考える

$a = 2n + 1$より

$$a^2 - 1 = 2n(2n + 2)$$
$$= 4n(n + 1)$$

ここで，$n(n + 1)$は偶数なので

$4n(n + 1)$は8の倍数である。

よって，正の整数hのうち，最大のものは

$h = \boxed{8}$である。
カ

リード文には，問題を解くときに必要な条件や情報が書いてあり，ヒントになるので，しっかり目を通そう。

難易度 やや難

(2)がヒントになっている

(3) (2)により，$a^2+b^2+c^2+d^2$が **カ** の倍数ならば，整数a，b，c，dのうち，偶数であるものの個数は **キ** 個である。

ここは8

MOVIE 40

着眼点

» 偶数であるものの個数を考える問題であるが，奇数の場合を考えてもよい。

(2)の後半の文に注目

> よって，aが奇数のとき，a^2を **カ** で割ったときの余りは1である。
>
> また，aが偶数のとき，a^2を **カ** で割ったときの余りは，0または4のいずれかである。

ここで，(2)の「よって～」がヒントになっていることに気がつけるとスムーズに解ける問題であった。

解き方

» a，b，c，dのうち奇数が1個の場合

(2)より，その奇数の平方数は「8の倍数＋1」となる。

よって，残りの3つの平方数の和が「8の倍数＋7」となれば，

4つの平方数の和は8の倍数となるが，それは不可能である。

(例) aが奇数の場合

$a^2+b^2+c^2+d^2$

↑$8k+1$ ↑$8k+7$ ⇒ 8の倍数

ここで，b^2，c^2，d^2の和で$8k+7$は作ることができない。

奇数が1個でも入ると，8の倍数を作れないので，偶数の個数は4個である。
キ

難易度 やや難

(3)がヒントになっている

(4) (3)を用いることにより，m が $\boxed{\text{カ}}$ の倍数であるとき，① を満たす整数 a，b，c，d が求めやすくなる。

例えば，$m = 224$ のとき，① を満たす整数 a，b，c，d の組 (a, b, c, d) は

$$\left(\boxed{\text{クケ}}, \boxed{\text{コ}}, \boxed{\text{サ}}, \boxed{\text{シ}}\right)$$

MOVIE 41

のただ一つであることがわかる。

着眼点

m が 8 の倍数なので，(3)より (a, b, c, d) はすべて偶数であるとわかる。
$a=2a'$，$b=2b'$，$c=2c'$，$d=2d'$ とおいて①を簡単な式にするとよい。

解き方

$m=224=8\times28$ より，m は 8 の倍数だから a，b，c，d はすべて偶数である。

そこで，$a=2a'$，$b=2b'$，$c=2c'$，$d=2d'$ とおくと，①は

$$(2a')^2+(2b')^2+(2c')^2+(2d')^2=224$$

$$4a'^2+4b'^2+4c'^2+4d'^2=224$$

$$a'^2+b'^2+c'^2+d'^2=56 \quad \cdots\cdots ②$$

さらに，$56=8\times7$ より，56 は 8 の倍数だから，a'，b'，c'，d' はすべて偶数である。

よって，$a'=2a''$，$b'=2b''$，$c'=2c''$，$d'=d''$ とおくと，同様にして，②は

$$a''^2+b''^2+c''^2+d''^2=14$$

(1)より

$$a''=3,\ b''=2,\ c''=1,\ d''=0$$

$$a=2a'=4a''=12,$$

$$b=2b'=4b''=8,$$

$$c=2c'=4c''=4,$$

$$d=2d'=4d''=0$$

よって，$(a, b, c, d)=(\underset{\text{クケ}}{\boxed{12}}, \underset{\text{コ}}{\boxed{8}}, \underset{\text{サ}}{\boxed{4}}, \underset{\text{シ}}{\boxed{0}})$

(5) 7の倍数で896の約数である正の整数 m のうち，① を満たす整数 a，b，c，d の組の個数が［オ］個であるものの個数は［ス］個であり，そのうち最大のものは m = ［セソタ］である。

MOVIE 42

着眼点

≫「7の倍数で896の約数である正の整数」とあるので，書き出してみると，(7, 14, 28, 56, 112, 224, 448, 896)の8個になる。この中から該当するものを選べばよい。

解き方

$896=7\times2^7$ より，m の候補は

$$m=7\times2^k\ (k=0,\ 1,\ \cdots,\ 7)$$

となる。

$k=0$ のとき，

①は $a^2+b^2+c^2+d^2=7$

これを満たすのは $(a,\ b,\ c,\ d)=(2,\ 1,\ 1,\ 1)$ の1組。

$k=1$ のとき，

①は $a^2+b^2+c^2+d^2=14$

これを満たすのは(1)より1組。

$k=2$ のとき，

①は $a^2+b^2+c^2+d^2=28$

これを満たすのは(1)より3組。

$k\geqq3$ のとき，

$m=7\times2^k$ は8の倍数だから，a，b，c，d はすべて偶数である。

(4)と同様にして，$a=2a'$，$b=2b'$，$c=2c'$，$d=2d'$ とおくと，

①は

$$4a'^2+4b'^2+4c'^2+4d'^2=7\times2^k$$

$$a'^2+b'^2+c'^2+d'^2=7\times2^{k-2}\quad\cdots\cdots③$$

となり，

①を満たす$(a,\ b,\ c,\ d)$の組の数と③を満たす$(a',\ b',\ c',\ d')$の組の数は同じとなる。

したがって,

$k=3,\ 5,\ 7$ のときは $k=1$ と同じ 1 組。

$k=4,\ 6$ のときは $k=2$ のときと同じ 3 組ある。

これより，解が 3 組であるものの個数は

$k=2,\ 4,\ 6$ のときの $\boxed{3}$ 個
ス

また，そのうち最大のものは

$k=6$ のとき，$m=7\times 2^6=\boxed{448}$
セソタ

となる。

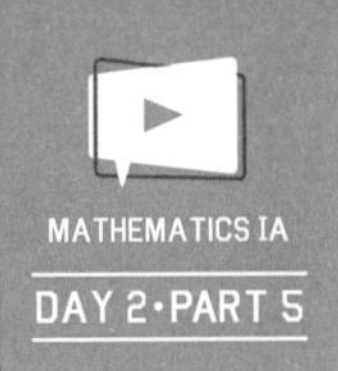

令和３年度 大学入学共通テスト

第５問 図形の性質

まずは問題の条件をつかむ

第５問は図形の性質の問題です。２本の半直線に接する円の作図手順と参考図が与えられています。

点 Z を端点とする半直線 ZX と半直線 ZY があり，$0° < \angle XZY < 90°$ とする。また，$0° < \angle SZX < \angle XZY$ かつ $0° < \angle SZY < \angle XZY$ を満たす点 S をとる。点 S を通り，半直線 ZX と半直線 ZY の両方に接する円を作図したい。

円 O を，次の(Step 1)〜(Step 5)の**手順**で作図する。

手順が示されている

手順

(Step 1)　$\angle XZY$ の二等分線 ℓ 上に点 C をとり，下図のように半直線 ZX と半直線 ZY の両方に接する円 C を作図する。また，円 C と半直線 ZX との接点を D，半直線 ZY との接点を E とする。

(Step 2)　円 C と直線 ZS との交点の一つを G とする。

(Step 3)　半直線 ZX 上に点 H を $DG /\!/ HS$ を満たすようにとる。

(Step 4)　点 H を通り，半直線 ZX に垂直な直線を引き，ℓ との交点を O とする。

(Step 5)　点 O を中心とする半径 OH の円 O をかく。

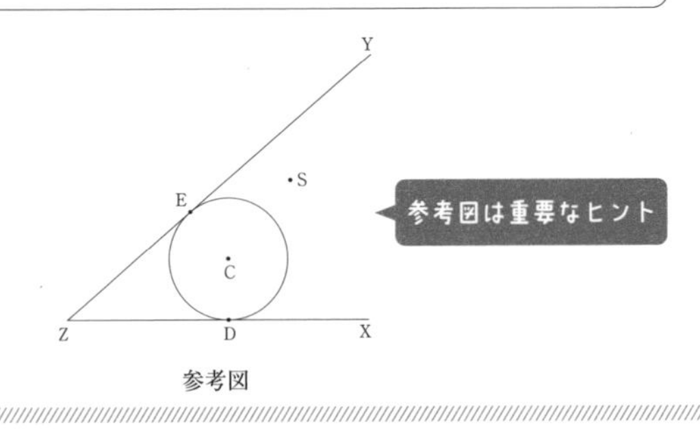

参考図

この問題に限らず，図形問題を考える場合は，文章で与えられている情報を作図し整理するようにしましょう。

参考図が与えられていることは，珍しいよ。
文章で書かれている情報を図示する練習は，必ずしようね！

STEP 2 情報を整理する

文章中の情報を整理しながら，図示する。

点Zを端点とする半直線ZXと半直線ZYがあり，$0° < \angle XZY < 90°$とする。また，$0° < \angle SZX < \angle XZY$かつ$0° < \angle SZY < \angle XZY$を満たす点Sをとる。点Sを通り，半直線ZXと半直線ZYの両方に接する円を作図したい。

MOVIE 43

完成形のイメージは，下図である。このような図形を(Step 1)～(Step 5)の手順で作図したいという問題である。

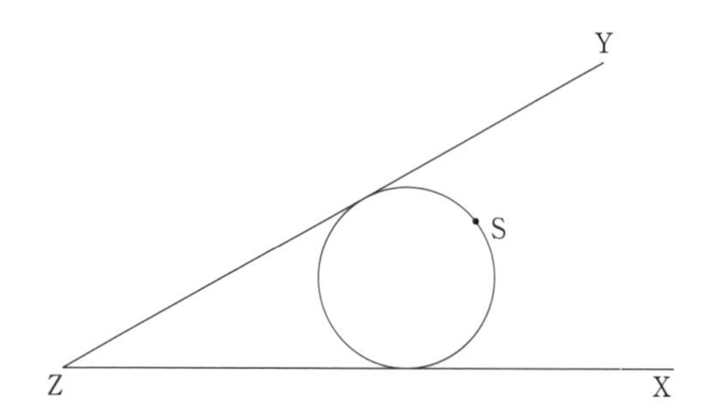

次ページ以降で，各Stepごとの作図を解説する。

円Oを，次の(Step 1)～(Step 5)の**手順**で作図する。

手順

(Step 1)　∠XZYの二等分線ℓ上に点Cをとり，下図のように半直線ZXと半直線ZYの両方に接する円Cを作図する。また，円Cと半直線ZXとの接点をD，半直線ZYとの接点をEとする。

(Step 2)　円Cと直線ZSとの交点の一つをGとする。

(Step 3)　半直線ZX上に点HをDG∥HSを満たすようにとる。

(Step 4)　点Hを通り，半直線ZXに垂直な直線を引き，ℓとの交点をOとする。

(Step 5)　点Oを中心とする半径OHの円Oをかく。

手順通りの図を，順番にかいてみる

MOVIE 43

この(Step 5)でかいた円Oこそが，点Sを通り，半直線ZXと半直線ZYの両方に接する円である。

(Step 1)

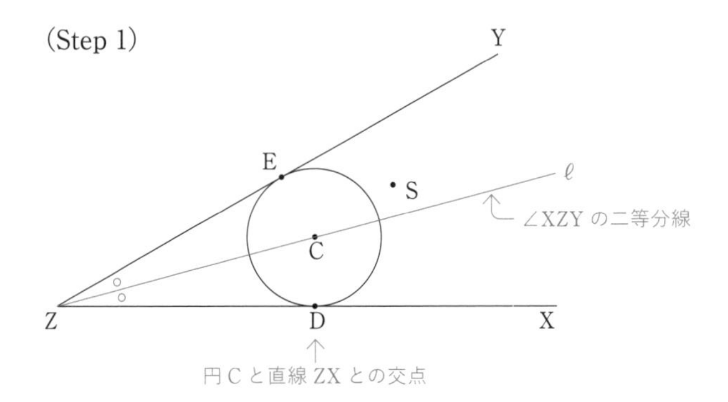

(Step 2)

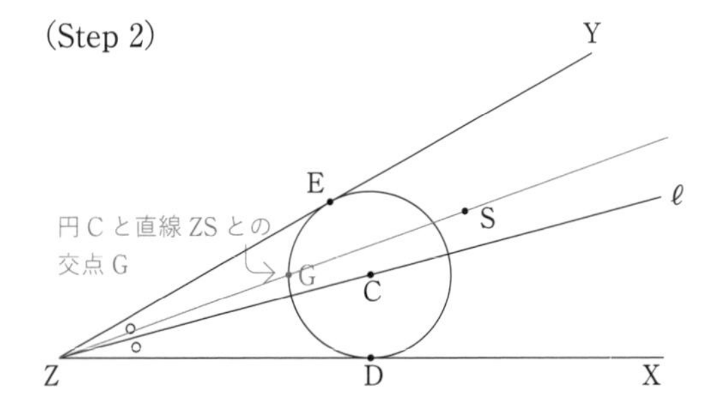

(Step 3)

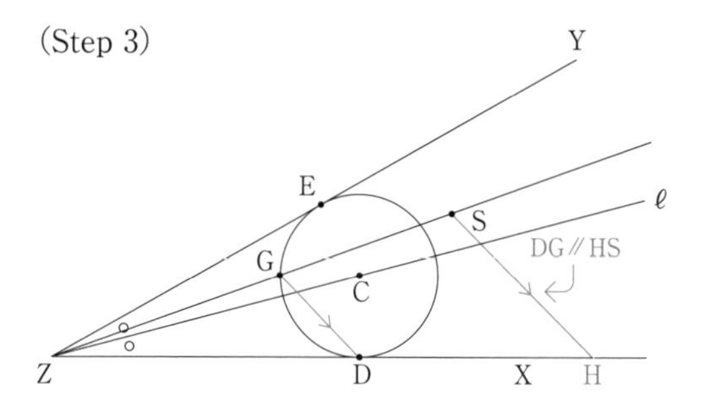

(Step 4)

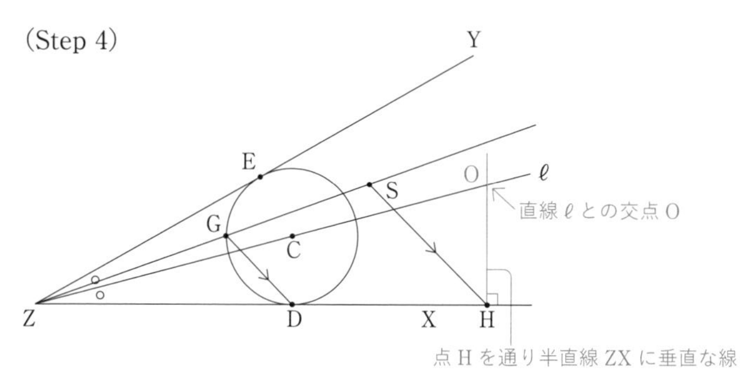

(Step 5)

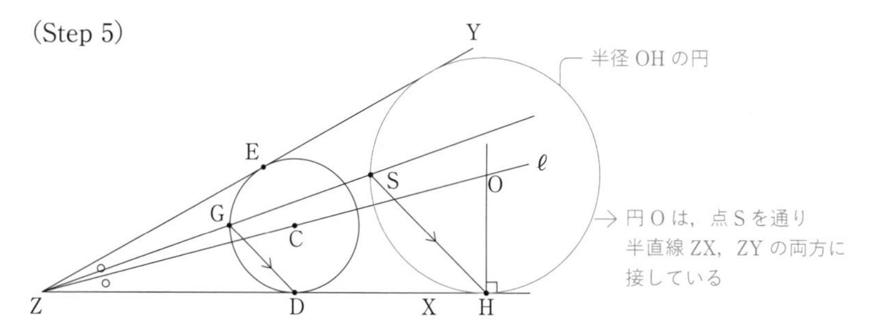

誘導に沿って，問題を解く

難易度 ふつう

(1) (Step 1)～(Step 5)の**手順**で作図した円 O が求める円であることは，次の**構想**に基づいて下のように説明できる。

構想

円 O が点 S を通り，半直線 ZX と半直線 ZY の両方に接する円であることを示すには，OH = [ア] が成り立つことを示せばよい。

作図の**手順**より，△ZDG と △ZHS との関係，および △ZDC と △ZHO との関係に着目すると

DG : [イ] = [ウ] : [エ]

DC : [オ] = [ウ] : [エ]

[ア] ～ [オ] の解答群(同じものを繰り返し選んでもよい。)

⓪ DH	① HO	② HS	③ OD	④ OG
⑤ OS	⑥ ZD	⑦ ZH	⑧ ZO	⑨ ZS

MOVIE 44

着眼点

» 構想「円 O が点 S を通り，半直線 ZX と半直線 ZY の両方に接する円であることを示す」に着目する。
この構想は，
①円 O が半直線 ZX と半直線 ZY に接する
②円 O が点 S を通る
→ 点 O は半直線 ZX，ZY の両方から等しい距離にあることを意味する
の 2 つの条件で構成されているが，中心 O は∠XZY の角の二等分線 ℓ 上にあるので，半直線 ZX と半直線 ZY に接することは自明である。よって，「②円 O が点 S を通る」を考えればよい。

解き方

点Sが円Oを通るということは，OSが円Oの半径となるので，

OH＝OSが成り立つことを示せばよい。

よって ⑤ (ア) があてはまる。

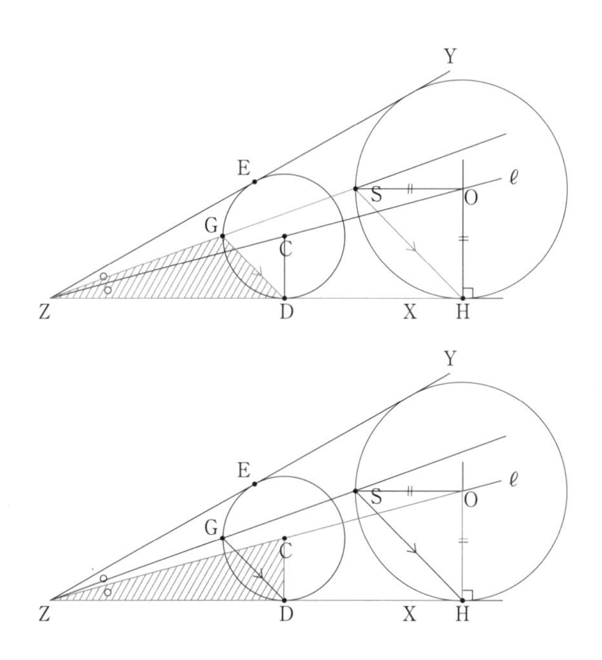

FOR YOUR INFORMATION

三角形の相似条件

① 3組の辺の比がすべて等しいとき
② 2組の辺の比とその間の角がそれぞれ等しいとき
③ 2組の角がそれぞれ等しいとき
のいずれか

→∠GZD＝∠SZH，DG∥HS なので∠ZDG＝∠ZHS，（∠ZGD＝∠ZSH）2組の角がそれぞれ等しい→相似

ここで，△ZDG と△ZHS，△ZDC と△ZHO は

→∠CZD＝∠OZH，かつ∠CDZ＝∠OHZ＝90°→相似

それぞれ相似の関係なので，

DG：HS イ＝ZD ウ：ZH エ

DC：HO オ＝ZD ウ：ZH エ

となる。

よって，イ，ウ，エ，オにはそれぞれ

②，⑥，⑦，①があてはまる。
イ　ウ　エ　オ

であるから，DG：［イ HS］＝DC：［オ HO］となる。

ここで，3点S，O，Hが一直線上にない場合は，∠CDG＝∠［カ］であるので，△CDG と△［カ］との関係に着目すると，CD＝CG より OH＝［ア OS］であることがわかる。

なお，3点S，O，Hが一直線上にある場合は，DG＝［キ］DC となり，DG：［イ HS］＝DC：［オ HO］より OH＝［ア OS］であることがわかる。

［カ］の解答群

⓪ OHD	① OHG	② OHS	③ ZDS
④ ZHG	⑤ ZHS	⑥ ZOS	⑦ ZCG

MOVIE 44

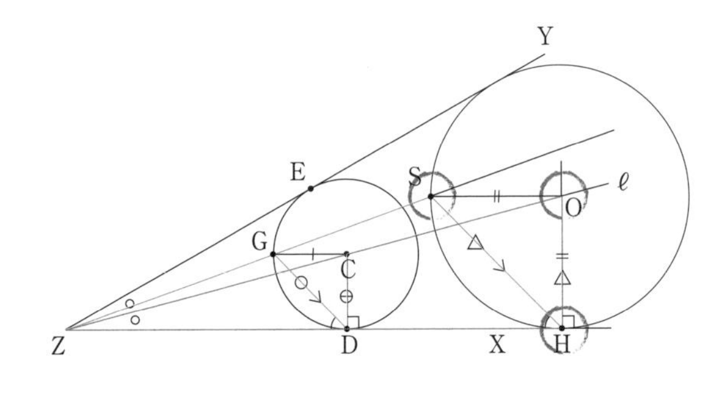

ここで，3点S，O，Hが一直線上にない場合，

$\angle ZDG = \angle ZHS$

であり，

$\angle ZDC = \angle ZHO = 90^\circ$

なので

$\angle CDG = \angle OHS$

とわかる。

よって，[②]がＵてはまる。
カ

$\triangle CDG \backsim \triangle OHS$ なので

CD＝CGから，OH＝OSであることがわかる。
└→[ア]で求めた。

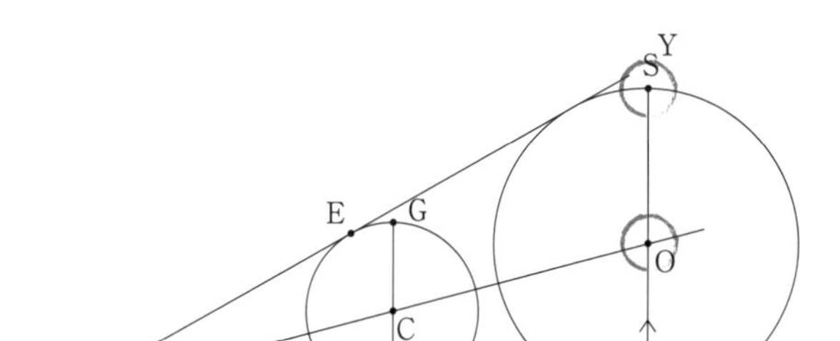

また，3点S，O，Hが一直線上にある場合，

HSは半直線ZXの垂線となるので，

HSと平行なDGも半直線ZXの垂線である。
└→HS∥DG → $\angle CDZ = \angle OHZ = 90^\circ$

点Gは円C上の点だから，DGは円Cの直径である。

よって，DG＝[2]DCである。
キ

DG：HS＝DC：HOより，

OH＝OSである。
└→[ア]で求めた。

(2) 点Sを通り，半直線ZXと半直線ZYの両方に接する円は二つ作図できる。特に，点Sが∠XZYの二等分線ℓ上にある場合を考える。半径が大きい方の

誘導に従って考えよう

円の中心をO_1とし，半径が小さい方の円の中心をO_2とする。また，円O_2と半直線ZYが接する点をIとする。円O_1と半直線ZYが接する点をJとし，円O_1と半直線ZXが接する点をKとする。

作図をした結果，円O_1の半径は5，円O_2の半径は3であったとする。このとき，IJ = **ク** $\sqrt{\textbf{ケコ}}$ である。さらに，円O_1と円O_2の接点Sに

Sは2円の接点と示されている

おける共通接線と半直線ZYとの交点をLとし，直線LKと円O_1との交点で点Kとは異なる点をMとすると

MOVIE 45

LM・LK = **サシ**

である。

着眼点

»「点Sを通り，半直線ZXと半直線ZYの両方に接する円は二つ作図できる」という文に着目する。(Step 2)において，点Gのとり方が2パターン考えられた。そのため，点Gのとり方によって，作図できる円は変わる。

円と直線の交点は2つある

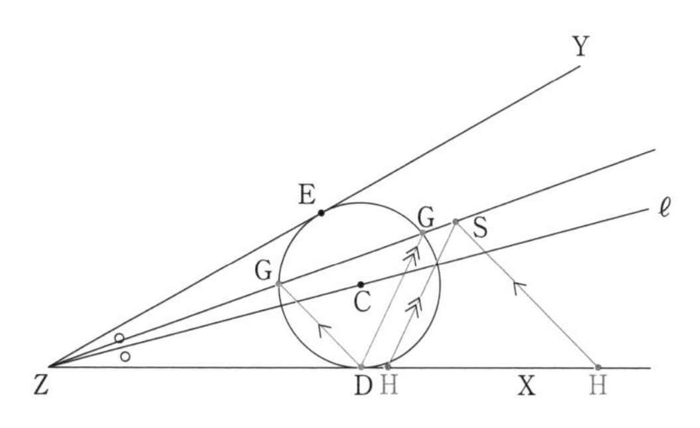

≫ 点Sが∠XZYの二等分線ℓ上にある場合を作図すると，次図のようになる。円O_1と円O_2の中心が，ℓ上に位置し，なおかつ円O_1と円O_2の接点がSである。

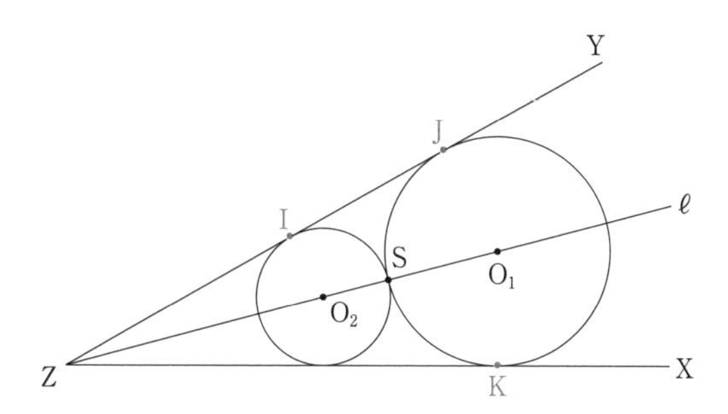

つまり，点O_1，O_2と点Sが同一直線上に位置しているということに，気がつけたかがポイントである。本文中に，「円O_1と円O_2の接点Sにおける～」とあるので，ここを読んで気がついてもよい。

≫ また，「LM･LK」のように，円があり，線分の積を考えるときは，方べきの定理の利用を検討してほしい。

→第1日程第5問参照

解き方

IJの長さを考える。

次ページ図のように，O_2からJO_1に伸ばした垂線とJO_1の交点をP_1とすると，

$O_2P_1 = IJ$である。

$O_2P_1 = \sqrt{8^2 - 2^2}$　（$\triangle O_1O_2P_1$は直角三角形）

$= \boxed{2}\sqrt{\boxed{15}}$

（ク　ケコ）

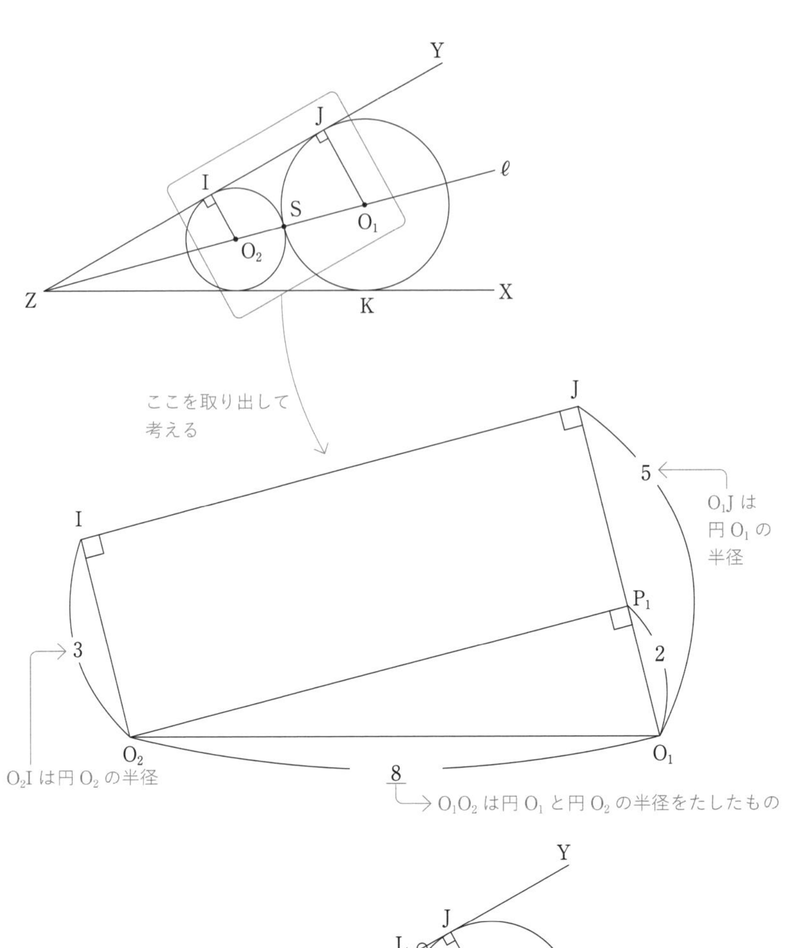
Y
J
ℓ
I
S
O_1
O_2
Z
X
K
ここを取り出して
考える
J
5
O_1J は
円 O_1 の
半径
I
P_1
3
2
O_2
O_1
O_2I は円 O_2 の半径
8
O_1O_2 は円 O_1 と円 O_2 の半径をたしたもの

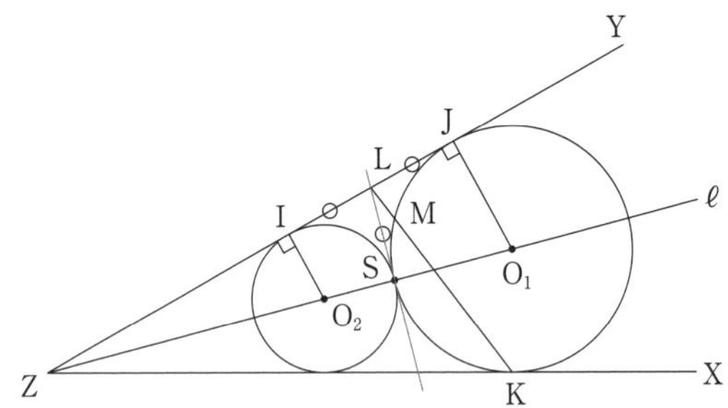
Y
J
L
M
ℓ
I
S
O_1
O_2
Z
X
K

方べきの定理より

$\mathrm{LM} \cdot \mathrm{LK} = \mathrm{LS}^2$

$\mathrm{LS} = \mathrm{LI} = \mathrm{LJ}$ より,

$\mathrm{LS} = \dfrac{\mathrm{IJ}}{2}$

$= \sqrt{15}$

よって,

$\mathrm{LM} \cdot \mathrm{LK} = \boxed{15}$

サシ

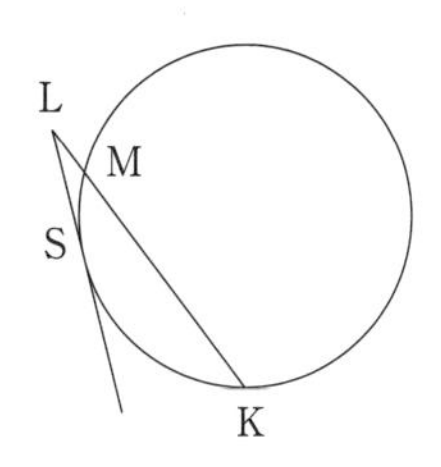

円 O_1 と円 O_2 が点 D で接しており, 円 O_1 と円 O_2 の共通接線を ℓ, 点 D での共通接線を m とする。点 A から円 O_1 に引いた接線の長さなので AB＝AD になるんだね。同様に点 A から円 O_2 に引いた接線の長さなので AC＝AD なんだ。
よって, AB＝AC＝AD といえるんだよ。
この性質はよく出てくるので, 覚えておこう!

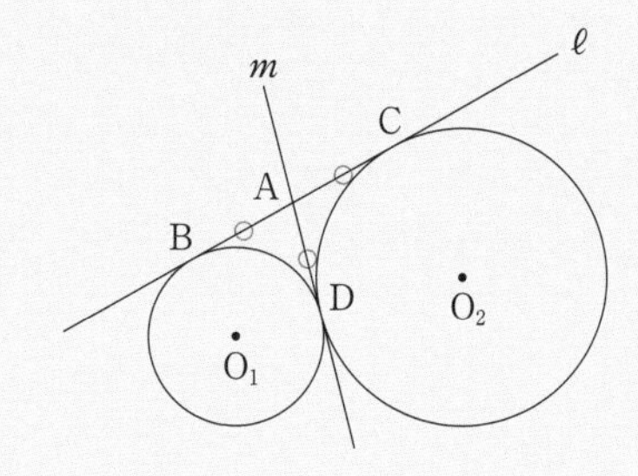

また，ZI = [ス] $\sqrt{[セソ]}$ であるので，直線LKと直線ℓとの交点をNとすると

$$\frac{LN}{NK} = \frac{[タ]}{[チ]}, \quad SN = \frac{[ツ]}{[テ]}$$

MOVIE 46

である。

着眼点

» 相似を利用して，線分の長さを出すことを考えよう。
» 三角形の内角の二等分線の性質に気づくことも重要。
» また，メネラウスの定理を使った解法も覚えておくとよい。

FOR YOUR INFORMATION

メネラウスの定理

$$\frac{AD}{DB} \cdot \frac{BF}{FC} \cdot \frac{CE}{EA} = 1$$

FOR YOUR INFORMATION

角の二等分線の定理

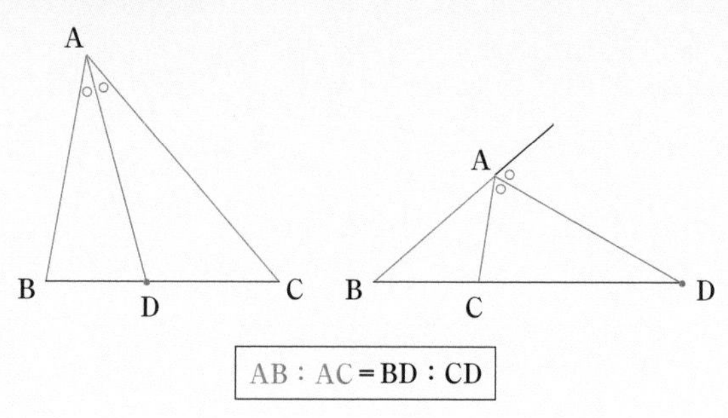

AB：AC＝BD：CD

解き方

図のように，点P，Qを定める。

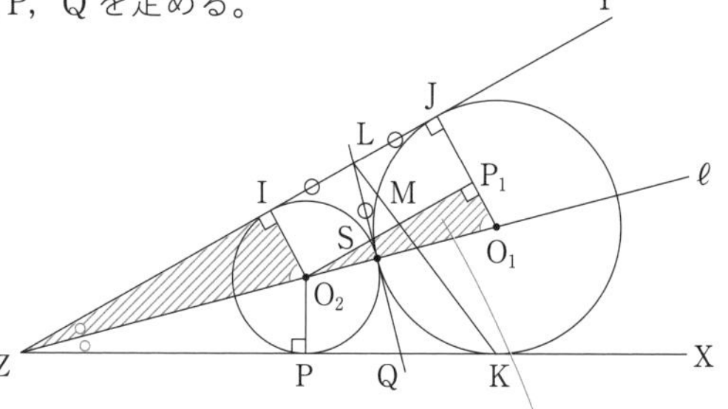

» ZIの長さを考える。

$\triangle ZIO_2$ は $\triangle O_2P_1O_1$ と相似である。

$ZI：IO_2＝O_2P_1：P_1O_1$ より，

$ZI：3＝2\sqrt{15}：2$

$ZI＝\boxed{3}\sqrt{\boxed{15}}$

ス　セソ

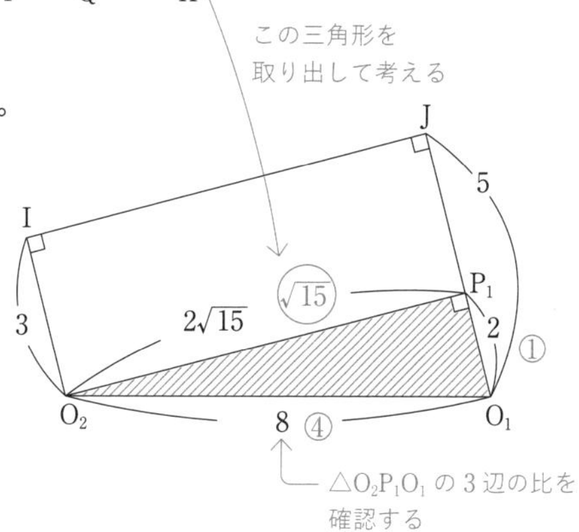

図が複雑になってきたね。
問題で取り上げているところを
抜き出して，もう1つ図をかこう！

» $\dfrac{\text{LN}}{\text{NK}}$ を考える。

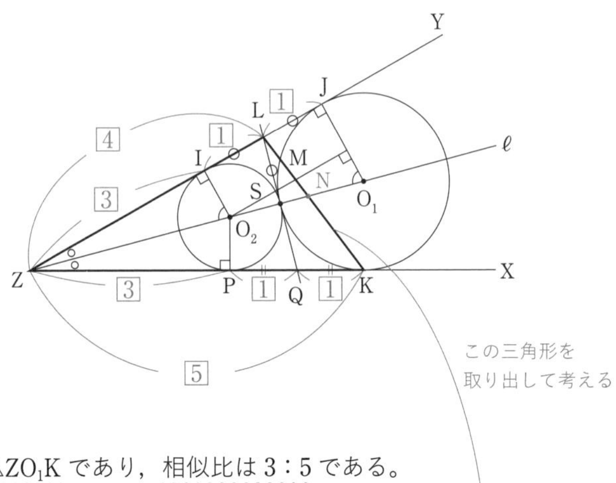

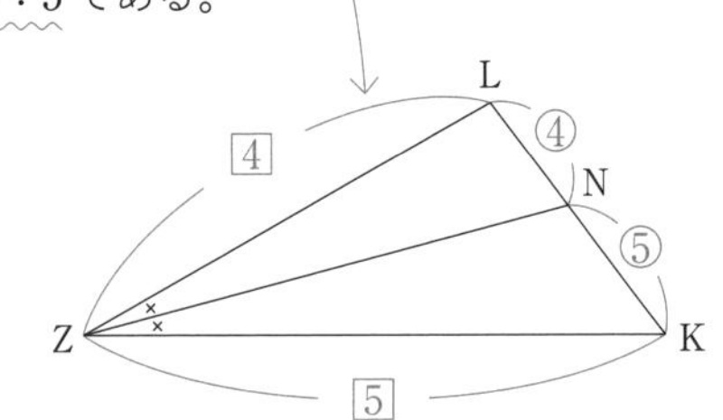

$\triangle \text{ZO}_2\text{P} \backsim \triangle \text{ZO}_1\text{K}$ であり，相似比は 3：5 である。

よって，

$$\text{ZP} : \text{ZK} = 3 : 5$$

である。

同様に，

$$\text{ZI} : \text{ZJ} = 3 : 5$$

であり，

$$\text{IL} : \text{LJ} = 1 : 1$$

なので，

$$\text{ZK} : \text{ZL} = 5 : 4$$

である。

△ZLK に着目すると，

ZN は∠Z の二等分線なので，

$$\text{ZK} : \text{ZL} = \text{KN} : \text{NL} = 5 : 4$$

よって，$\dfrac{\text{LN}}{\text{NK}} = \dfrac{\boxed{4}}{\boxed{5}}$ タ チ

わぁ！　どんどん複雑になってきたね。
今度も，必要なところを抜き出した図を
もう1つかこう！

別解（タチ）

≫ メネラウスの定理より，

$$\frac{LN}{NK}\cdot\frac{KZ}{ZQ}\cdot\frac{QS}{SL}=1$$

$$\Longleftrightarrow \quad \frac{LN}{NK}\cdot\frac{5}{4}\cdot\frac{1}{1}=1$$

よって，$\frac{LN}{NK}=\frac{\boxed{4}_{タ}}{\boxed{5}_{チ}}$

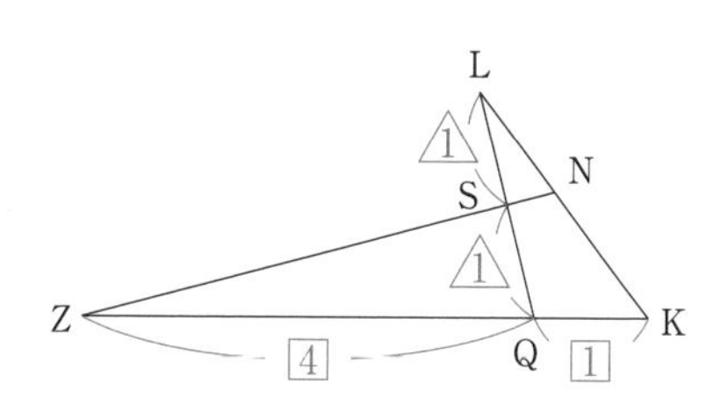

≫ SN の長さを考える

$$ZS=ZO_2+O_2S$$

$$=12+3$$

$$=15$$

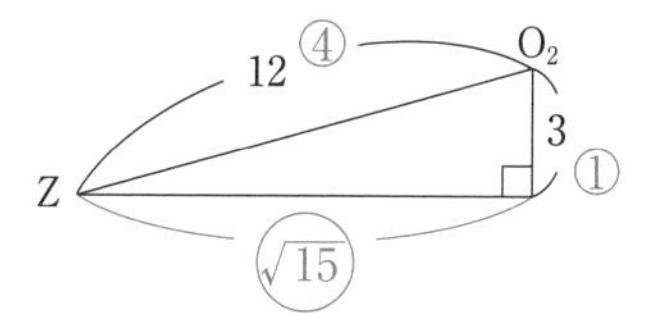

メネラウスの定理より，

$$\frac{ZQ}{QK}\cdot\frac{KL}{LN}\cdot\frac{NS}{SZ}=1$$

$$\frac{4}{1}\cdot\frac{9}{4}\cdot\frac{NS}{ZS}=1$$

$$SN=\frac{1}{9}ZS$$

$$=\frac{1}{9}\times 15$$

$$=\frac{\boxed{5}_{ツ}}{\boxed{3}_{テ}}$$

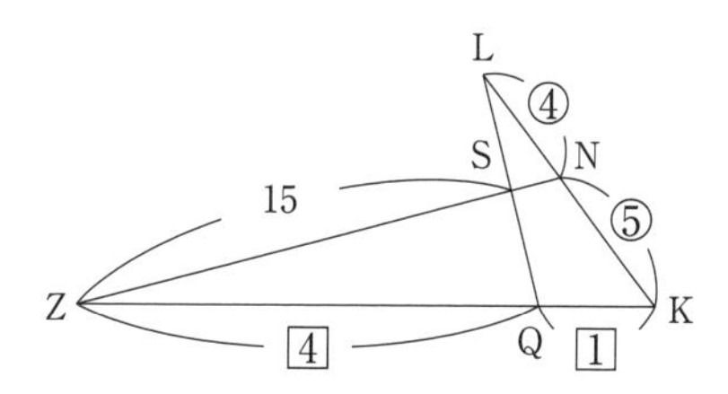

必要な部分を抜きだしてどんどん新しい図をかこう！
そうすると，解法につながる図形上の性質が見えてくるはずだよ！

迫田昂輝

河合塾講師。多くの大手学習塾・大手予備校で算数・数学を指導。学習塾時代には年間 MVP 講師・年間アンケート１位を獲得。予備校においても満席締め切り講座多数の大人気講師。YouTube チャンネル「数学・英語のトリセツ！」は登録者数 10 万人を超え，リアルとネットの両方で講師としての人気・知名度を高めている。動画つきの参考書『数学のトリセツ！　数学Ⅰ・A／数学Ⅱ・B／数学Ⅲ』（Next Education）は大ヒット中。早稲田大学理工学部数理科学科卒。右投右打。

［過去問］×［解説］×［実況動画］

やさしくひもとく 共通テスト

数学Ⅰ・A

ブックデザイン	株式会社 dig
動画デザイン	株式会社 dig
イラスト	間芝勇輔
編集協力	高木直子
校正	花園安紀　中島拓哉　小坂友治朗 三本木健浩　林千珠子
DTP	株式会社 四国写研
動画編集	株式会社 四国写研
動画編集協力	徳永南緒
印刷所	株式会社 リーブルテック

読者アンケートご協力のお願い　※アンケートは予告なく終了する場合がございます。

この度は弊社商品をお買い上げいただき，誠にありがとうございます。本書に関するアンケートにご協力ください。右の QR コードから，アンケートフォームにアクセスすることができます。ご協力いただいた方のなかから抽選でギフト券（500 円分）をプレゼントさせていただきます。

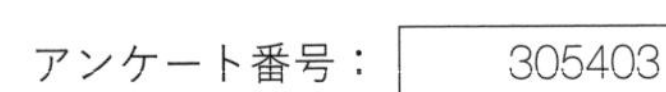

①